上海历史建筑保护修缮工艺丛书

U0663672

上海历史建筑 外墙饰面修缮工艺

The Restoration Crafts for
the Exterior Wall Finishes of
Historic Buildings in Shanghai

上海市历史建筑保护事务中心
上海市建筑装饰工程集团有限公司　主编

中国建筑工业出版社

图书在版编目（CIP）数据

上海历史建筑外墙饰面修缮工艺 = The Restoration Crafts for the Exterior Wall Finishes of Historic Buildings in Shanghai / 上海市历史建筑保护事务中心，上海市建筑装饰工程集团有限公司主编 . -- 北京：中国建筑工业出版社，2024.12. --（上海历史建筑保护修缮工艺丛书）. -- ISBN 978-7-112-30761-6

Ⅰ . TU746.3

中国国家版本馆 CIP 数据核字第 2025VW8732 号

责任编辑：滕云飞
文字编辑：周志扬
责任校对：王　烨

上海历史建筑保护修缮工艺丛书

上海历史建筑外墙饰面修缮工艺

The Restoration Crafts for the Exterior Wall Finishes of Historic Buildings in Shanghai

上海市历史建筑保护事务中心　上海市建筑装饰工程集团有限公司 主编

＊

中国建筑工业出版社出版、发行（北京海淀三里河路9号）
各地新华书店、建筑书店经销
右序设计制版
北京盛通印刷股份有限公司印刷

＊

开本：787 毫米 ×1092 毫米　1/16　印张：16³/₄　字数：320 千字
2025 年 5 月第一版　2025 年 5 月第一次印刷
定价：**118.00** 元
ISBN 978-7-112-30761-6
（43968）

编委会

序

上海的近代建筑工艺史，可追溯到 1864 年，由法国耶稣会传教士开办的徐家汇土山湾孤儿工艺院。这里有镇院之宝——明清风格的木构牌楼门，造型端庄，古韵盎然，技艺精湛，曾代表中国送展过三届世界博览会。工艺院还曾有掌握江南传统木雕工艺要领的西方修士，如木工室的德籍教师葛承亮，20 世纪初曾率孤儿助手精雕细琢，完成比利时布鲁塞尔王室木构工程——中国宫和八角亭的木雕创作，是欧洲"中国风"建筑晚期的代表作。

由此，上海近代建筑工艺在演进中，作为江南传统匠作体系与西方近代技术交融创新的生长点，逐渐形成了独具沪上特色的建筑工艺体系，承载着中西文化交流的特殊背景和集体记忆。如石库门里弄中西混合的清水墙砌筑技艺及砖雕技法，水刷石、水磨石和拉毛水泥的饰面肌理，以及体现中西装饰题材和手法的灰塑技法等，均是海派建筑工艺的匠作基因载体。

今天，建筑遗产保护正面临技艺传承与修复实践并重，机遇与挑战同在的局面。传统工艺存续在一定程度上面临着匠作经验流失、材料技艺失范和人才迭代中断等风险。由上海市历史建筑保护事务中心组织编制的《上海历史建筑保护修缮工艺系列丛书》针对这一现实，从保护实践需求出发，以"工艺溯源—技术解析—修缮指引"为编撰主线，通过对砌筑、抹灰、饰面、木作等核心工艺的条分缕析，构建起可参照、可操作、可对标的工艺实操框架，勠力践行遗产修复的原式样、原工艺、原材料，并与现代工艺与材料相得益彰的保护原则及实操策略。

丛书的编纂体现了三个特色：其一，揭示上海近代建筑工艺演变的内在逻辑，体察江南传统匠艺与西方近代技术如何通过互动交融，从而引发沪上建筑工艺改良进化的因果关系；其二，强调保护和修缮工程在细节上的实操性，通过工序分解图、材料配比表、工具使用法等直观形式，将口传心授的匠作经验转化为更有利于保护传承的图文规范；其三，兼顾建筑遗产的工艺真实性与当代修缮的技术适用性，在保留传统工艺精髓的基础上，提出参考现代工程规范的实操优化方法。

在我国城市建设高质量、可持续发展的大背景下，建筑遗产保护将会增强上海作为国家历史文化名城的身份定力和文化驱动力。这套丛书的问世，因而具有特殊意义，不仅是为上海建筑遗产保护提供一套修缮工程的技术指南，更是为上海建筑可视可触的记忆保存，为其过去未来的时空交汇，做出有价值内涵和工具作用的实质贡献。

是为序。

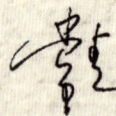

乙巳春日写于沪上

前言

　　文化，是城市的灵魂，它如同城市的血脉，流淌在一砖一瓦之间，承载着历史的记忆和未来的希望。城市历史文化遗存，是前人智慧的结晶，它们是城市内涵、品质和特色的鲜明标志。上海，这座承载着深厚历史文化的城市，以其独特的魅力吸引了世界的目光。在这片土地上，东西方文化交融碰撞，孕育出了独特的建筑风格。西方的建筑知识和技术与中国传统工艺的巧妙结合，催生了我国最早的近代建筑业。上海的历史建筑，不仅是这种跨文化对话的见证，更是这座城市从小渔村到国际大都市辉煌蜕变的缩影，展现了上海在现代化进程中所孕育的文化多元性和丰富性，是这座城市不可或缺的文化符号。

　　历史建筑，是人类文明和城市文化的重要组成，也是历史长河中留存下来弥足珍贵的文化瑰宝。上海的历史建筑，代表了特定历史时期的建筑技术、设计理念和审美风格，对后世建筑产生了深远的影响。那些经过时间考验的历史建筑，不仅因其历史价值、科学价值、艺术价值而备受推崇，更因其所蕴含的社会和文化价值，已然成为展示上海形象和城市文化的重要名片。其发展历程大体上可以划分为三个阶段，每个阶段都反映了上海在不同历史时期的社会变迁和文化交融，是与这座城市的历史、文化价值紧密相连的。

　　第一阶段：从1843年上海开埠到1895年甲午战争，上海的发展开始体现近代城市特点。19世纪40年代，英、法等国在此划分租界后，便开始在这里修筑马路，建造领事馆、洋行、银行等各种类型的新功能建筑。城市因人口的扩张而迅速发展，工业建筑群和市政建筑群开始出现[①]。这些最早兴起的建筑，一般都是由外国人设计绘图，由中国工匠加以修改营造，并就地取材、采用中国传统的建筑技术建造[②]。

---

① 陈从周，章明 . 上海近代建筑史稿 [M]. 上海：上海三联书店出版社，1988.
② T.W.KINGSMILL. Early Architecture in Shanghai[N].The North China Herald: 1893-11-24.

第二阶段：1895 年至 20 世纪 20 年代初，是上海迅速发展为近代城市的阶段。由于租界扩张，市区范围也不断扩大。上海本土工业发展也初具规模，从而出现了像杨树浦、闸北等工业聚集区。工厂、银行、商店、学校、医院、酒楼、饭馆、电影院等各种类型的现代功能建筑纷纷拔地而起，规模更大、数量更多。这一时期出现了各类功能明确的新建筑类型，在设计和建造上无论是功能布局、材料结构还是建筑形式，都开始走向新的探索[1]。

第三阶段：20 世纪 20 年代至 1949 年，是上海进一步繁荣发展的阶段[2]。上海的贸易和工业产值成倍地增长，工业区和商业区不断扩大，银行、海关、洋行、饭店、公寓和百货公司纷纷扩建、改建、新建为钢筋混凝土框架结构的高楼大厦，出现了 28 座 10 层以上的高层建筑。这时外滩的大马路旁已是银行、洋行等高楼林立，南京路也以西洋式建筑为主。这时期的建筑大多呈现与现代主义思潮接轨的建筑新形式、新材料、新结构、新施工方法。同时建筑风格多样，呈现出百花齐放的面貌[3]。

随着近现代建筑业、建筑技术的不断发展，上海历史建筑的风格在不同历史时期，受到了不同文化背景的影响，呈现出独特的风格特征。上海历史建筑的风格充分体现了中西方建筑文化的交融和碰撞，展示了上海城市发展的脉络和特色。从租界时期到民国时期，再到中华人民共和国成立初期和改革开放以来，上海的城市建设和发展经历了翻天覆地的变化，每个阶段都留下了不可磨灭的建筑印记。

在租界时期（1843-1912 年），开埠后的租界地区出现了许多西式建筑，如哥特式、罗马式、巴洛克式等。这些建筑多由外国建筑师设计，采用西方建筑材料和工艺建造。同时，中式建筑开始受到西方建筑的影响，出现了一些中西合璧的建筑。上海历史建筑的风格特征丰富多样，融合了中西方建筑文化的精华。

在民国时期（1912-1949 年），上海建筑的风格更加多样化。在这个时期，上海出现了许多具有中国传统特色的建筑，如仿古建筑、园林建筑等。同时，现代主义建筑风格也开始在上海出现，如摩天大楼、高层建筑等。

在中华人民共和国成立初期（1949-1978 年），上海的建筑风格以实用为主，兼具传统和现代元素。在这个时期，上海出现了许多新式里弄、工人新村等住宅建筑，以及

① 龚春荣 . 上海历史建筑保护与管理对策研究 [D]. 上海交通大学，2009.
② 陈侠 . 传承与发展 [D]. 同济大学 ,2007.
③ 伍江 . 上海百年建筑史（1840-1949）[M]. 上海 : 同济大学出版社 ,1997:187.

具有苏联风格的公共建筑。同时，传统建筑如上海石库门建筑也得到了保护和修缮。

在改革开放以来（1978年至今），上海的建筑风格更加多元化。在保留传统建筑的同时，上海出现了大量现代建筑，如高层及超高层建筑、购物中心、文化设施等。此外，上海还举办了许多国际建筑展览和研讨会，促进了建筑领域的国际交流与合作。未来，上海将继续保持其独特的建筑风格，传承和弘扬优秀的建筑文化，为建设国际化大都市增添光彩。同时，上海也将继续加强对历史建筑的保护和修缮，确保这些珍贵的文化遗产得到妥善保存和传承。

在城市的快速发展中，如何妥善处理好保护和发展的关系，成为了一个亟待解决的问题。我们必须注重城市历史文脉的延续，如同对待一位尊敬的长者，给予城市中的老建筑以尊重和善待，以此保留城市的历史文化记忆，让每一个市民都能记得住历史，记得住乡愁，从而坚定我们的文化自信，增强我们的家国情怀。上海，是全国最早开展历史建筑保护工作的城市，改革开放40多年来，在历史建筑保护工作方面，上海的发展历程大致可分为"起始阶段、实验性保护和深化保护"三个阶段，每个阶段都标志着上海在保护文化遗产方面的重要进步[1]。

起始阶段（1986-1994年），上海市开始意识到历史建筑保护的重要性，并逐步启动了相关的工作。虽然此时保护意识尚在萌芽，但上海市已经开始对一些具有代表性的历史建筑进行修复和保护，如上海商城、上海音乐厅等。这一阶段的保护工作主要集中在对个别重要建筑的修复上，缺乏系统的保护规划和政策支持。

实验性保护阶段（1994-2001年），上海市开始积极探索历史建筑的保护方法，实验性地开展了多项保护项目。这一时期，上海市开始制定一系列的历史建筑保护法规和政策，为历史建筑保护提供了法律依据。同时，上海市也开始尝试将历史建筑转化为文化、旅游等公共用途，实现了历史建筑的可持续发展。

深化保护阶段（2002年至今），上海市的历史建筑保护工作进入了深化和系统化的发展阶段。上海市不仅建立了完善的历史建筑保护修缮机制，还通过成立专门机构、制定详细的保护规划和实施技术标准，提高了历史建筑保护的专业化和科学化水平。此外，上海市还针对不同类别的历史建筑建立了分级保护制度，确保每一处历史建筑都能得到恰当的保护和利用。

---

① 郑时龄.上海近代建筑风格（新版）[M].上海：同济大学出版社，2020.

在未来的发展中，上海将继续坚持"保护为主、抢救第一、合理利用、加强管理"的方针，加强对历史建筑的保护和修缮工作。同时，上海市也将继续传承和弘扬优秀的建筑文化，通过合理利用历史建筑，使其成为国际化大都市文化建设的重要组成部分，为城市的可持续发展增添独特的文化魅力和历史底蕴。

本书将深入追溯上海历史建筑的发展历程，挖掘上海历史建筑的传统工艺、工法和外墙修缮保护技术，探讨在现代社会中历史建筑保护与利用的方法。旨在能够激发更多人群对历史建筑的热爱，促进历史建筑保护工作的深入开展，通过与现代新工艺、新工法的融合应用，推动行业技艺的传承、创新与发展，让这些宝贵的文化遗产在新时代焕发出新的生机与活力。优秀历史建筑保护修缮的发展之路，需要我们不断地交流、总结和反思，从中汲取新的灵感与思路，为历史建筑的持续保护和利用提供新的动力。

目 录

目 录

07

第7章

石材（石板）饰面保护修缮工艺

第一章

上海历史建筑外墙饰面工艺概况

　　历史建筑，是理解一座城市或地区历史和文化的重要窗口。上海市于 1989 年、1994 年、1999 年、2005 年、2015 年，先后五批确认了 1058 处优秀历史建筑。这些建筑风格多样，涵盖了殖民地外廊式、西方复古风格（包括新古典主义、哥特复兴、折中主义等）、西方地域传统风格（如西班牙式、英国式等）、装饰艺术风格（Art Deco）、现代主义风格、中国固有式风格，以及中西合璧等多种风格。

　　上海历史建筑外立面的发展，述说着一个城市的发展、文化交流和科技进步的故事。从早期的传统江南建筑风格，到近代的西方建筑风格"移植"和"本土化"，再到 20 世纪黄金时期的建筑材料创新和装饰艺术的发展，上海的历史建筑外墙饰面，展现了独特的演变路径和丰富的特点。而对历史建筑外墙饰面的分类研究，则是深入认识其特性和状态的关键手段。研究不仅为历史建筑的保护和管理提供了信息，也为修复和再利用工作打下了良好基础。

1.1 上海历史建筑外墙饰面的发展历程

为了有效地保护这些历史建筑，上海市根据建筑的具体情况，将优秀历史建筑保护类别分为四类：第一类要求建筑的立面、结构体系、平面布局和内部装饰不得改变；第二类要求建筑的立面、结构体系、基本平面布局和有特色的内部装饰不得改变；第三类要求建筑的主要立面、主要结构体系和有特色的内部装饰不得改变；第四类则要求建筑的主要立面和有特色的内部装饰不得改变。这些分类保护要求，突显了建筑立面是各类历史保护内容的重中之重，也体现了上海对历史建筑保护的细致程度。

1.1.1 起始阶段

1843—1900年，上海的建筑风格正处于"移植期"，此时职业建筑师还未崭露头角，因此建筑风格主要是西方建筑和殖民地式建筑的"移植"与"本土化"结合。使用的建材多为江南地区当地的传统材料。这一时期的建筑多采用"殖民地外廊式"风格。由于当时国产青砖的强度和耐候性都不足以满足要求，因此在墙砖外部通常会覆盖一层石灰泥或砂浆抹灰，以增强其防水和耐候的性能。例如，建于1851年的圣三一堂（第二代）外墙就是采用石灰砂浆抹灰（图1-1），这样的处理方式不仅保护了墙体，也赋予了建筑灰白色的抹灰外墙饰面。相类似的，19世纪60年代建造的英国总会外墙也采用了灰白色的抹灰饰面（图1-2）。

图1-1 建于1851年的圣三一堂外墙

图1-2 19世纪60年代英国总会外墙

1.1.2 发展阶段

随着国产机制砖瓦厂的日渐兴起，加之 19 世纪末英国维多利亚建筑尤其"安妮女王复兴风格"和"都铎复兴风格"在上海的流行，1900 年前后的公共建筑已不再采用外廊式，立面上连续半圆砖拱券代替了列柱外廊，清水红砖配以石材装饰，成为这一时期的建筑特征。外滩背后的四川中路、滇池路、圆明园路一带还保留了众多"安妮女王复兴风格"的清水红砖建筑，如建于 1908 年的业广地产公司大楼（图 1-3、图 1-4），由通和洋行设计，清水红砖墙面配以石材窗套和隅石，构成强烈的色彩与材料对比。

图 1-3 1908 年建成的业广地产公司大楼（1911 年）

图 1- 4 业广地产公司大楼

1.1.3 黄金时期

20 世纪 10 年代，上海发展加速，金融业和商业繁荣促进了新古典主义风格的流行，同时第一次世界大战后大量侨民涌入上海，其中也包括如邬达克、鸿达等建筑师和更多的建筑从业人员，本土建材生产和营造业得到了极大发展。社会经济和文化的空前发展带来了建筑风貌的转变，石材和仿石的水刷石等逐步出现。这个阶段清水红砖与石材（仿石）饰面并存，1910 年建成的永年人寿大楼（图 1-5）和 1914 年建成的东方汇理银行大楼（图 1-6）主立面均采用花岗石饰面。这个阶段清水红砖与石材（仿石）饰面并存，展示了建筑风格的多样性和材料的可选择性。

20 世纪 20 年代起，上海进入"黄金时期"并逐步成为中国工商业与经济中心乃至远东最大的城市。一座充满雄心的城市需要更高、更大、更雄壮、更精美的建筑，这也促进了建筑材料的国产、量产和激烈竞争。大型公建方面，钢筋混凝土结构、石材和仿

图 1-5 1910 年建成的永年人寿大楼主立 面　　　　　　　图 1-6 1914 年建成的东方汇理银行大楼主立面

石饰面等，已成为此时的标配。公共租界内一栋栋大楼拔地而起，外滩的天际线已经被石材和仿石饰面的新古典主义风格建筑重新绘制（图 1-7），成为"石质时代"的最好注解。此阶段面砖饰面也开始出现，既有国外进口品牌，又有国内各家砖瓦厂（如开滦矿务局、远东实业公司陶瓷厂等）的竞争，特别是 1927 年泰山砖瓦股份有限公司发明了泰山牌毛面砖。这个时期，建筑材料的国产、量产和激烈竞争推动了建筑材料的创新和发展。

图 1-7 1925 年照片中石材和仿石饰面建筑：有利大楼（1916 年）、汇丰银行大楼（1923 年）、字林西报大楼（1924 年）、第一次世界大战纪念碑（1924 年）

20世纪30年代，上海进入"黄金时期"的鼎盛期。1933年泰山砖瓦股份有限公司开发出了避水光面砖和之后的20余种釉面砖，加之欧美滞销的大量建筑材料倾销到上海，建筑的建造和材料成本大幅降低，面砖成为20世纪30年代后最流行的外墙饰面材料。

1.2 上海历史建筑外墙饰面的形式

上海历史建筑外墙饰面的演变不仅体现了建筑风格的多样性和材料的可选择性，也反映了上海城市发展的历史脉络和科技进步的影响。这一演变过程为现代建筑提供了宝贵的经验和启示。

为深入了解上海历史建筑外墙饰面情况，从五个批次、四种保护类别的1058处优秀历史建筑中，随机抽取约10%，即105处优秀历史建筑作为研究样本进行分析，通过收集样本资料，如设计、施工文件、修缮方案等，结合整理分析，对这些样本的外墙工艺作如下统计（表1-1）。

上海历史建筑外墙样本饰面形式调研   表 1-1

序号	保护编号	原名称/原使用单位	保护类别	建造时间（年）	地址	外墙饰面
1	2A010	英国领事馆	二类	1873	中山东一路 33 号	清水砖墙
2	2A015	格林邮船大楼	二类	1922	北京东路 2 号	水刷石、花岗石
3	2A026	迦陵大楼	三类	1937	南京东路 99 号	水泥抹灰、花岗石
4	2A032	大来大楼	二类	1921	广东路 51,59 号	花岗石
5	2A035	吉祥里	四类	1876	河南中路 531~541 号	清水砖墙、水刷石
6	2A040	浙江第一商业银行	二类	1951	汉口路 151 号	泰山砖
7	2A041	大陆银行	二类	1932	九江路 111 号	花岗石、泰山砖、水刷石、水泥抹灰
8	2A049	四行储蓄会大楼	二类	1926	四川中路 261 号	水刷石、大理石、泰山砖

序号	保护编号	原名称／ 原使用单位	保护类别	建造 时间（年）	地址	外墙饰面
9	2B004	MEDHURST 大楼	三类	1934	南京西路 934 号	泰山砖
10	2B008	住宅（延中小区）	三类	1931	延安中路 955 弄	混凝土砌块（仿石）
11	2B015	花园住宅	二类	1938	铜仁路 333 号	面砖
12	2B018	海格大楼	二类	1934	华山路 400 号	水泥抹灰（仿土坯肌理）、花岗石
13	2B023	望德堂	三类	1930	北京西路 1220 弄 2号	水泥抹灰（拉毛）
14	2B025	花园住宅	三类	1933	延安中路 816 号	水泥抹灰、面砖、花岗石
15	2C004	国泰大戏院	二类	1932	淮海中路 870 号	泰山砖、水刷石
16	2C008	法国总会（老）	二类	1917	南昌路 47 号	卵石
17	2D001	花园住宅	二类	1925	淮海中路 1110 号	清水砖墙、花岗石、水刷石
18	2D005	皇家公寓	三类	1934	淮海中路 1300~1326 号	水泥抹灰、面砖
19	2D014	住宅	三类	1948	华山路 891、893号	水泥抹灰
20	2D020	美童公学	三类	1923	衡山路 10 号	清水砖墙
21	2D043	会乐精舍	三类	1934	复兴西路 34 号	水泥抹灰
22	2D047	赛华公寓	三类	1928	常熟路 209 号	水泥抹灰（拉毛）
23	2D048	住宅	三类	1928	延庆路 130 号	水泥抹灰
24	2G002	沪江大学	三类	1906— 1917	军工路 516 号	清水砖墙、水泥抹灰
25	2M007	卫乐园	三类	1924	泰安路 120 号	水泥抹灰、清水砖墙
26	2M008	中西女中 （五四楼）	三类	1917	江苏路 155 号东楼	水泥抹灰（拉毛）、斩假石

序号	保护编号	原名称/原使用单位	保护类别	建造时间（年）	地址	外墙饰面
27	2M008	中西女中（五一楼）	三类	1917	江苏路 155 号北楼	水泥抹灰、水刷石
28	2F005	耶松船厂	三类	1908	东大名路 388 号（原 378 号）	清水砖墙、水泥抹灰
29	2F008	四行大楼	三类	1932	四川北路 1274 号	面砖、水刷石、水泥抹灰
30	3A004	普益大楼/普益地产公司	三类	1921—1922	四川中路 110 号	水刷石、花岗石
31	3A017	哈同大楼	四类	1906	南京东路 98~114 号	清水砖墙
32	3B003	联华小区	三类	1930	铜仁路 280 号	水泥抹灰、清水砖墙
33	3B004	皮裘公寓	三类	1929	铜仁路 278 号	清水砖墙
34	3B005	震兴里	四类	1923—1927	茂名北路 200~220 弄	水刷石、水泥抹灰（拉毛）
35	3B005	荣康里	四类	1923—1928	茂名北路 230~250 弄	清水砖墙、水泥抹灰
36	3B013	太阳公寓	三类	1926	威海路 651 号	泰山砖、水刷石
37	3B018	大华公寓	三类	1932	南京西路 868 弄	泰山砖、水泥抹灰
38	3B022	文元坊	四类	1938	愚园路 608 弄	水泥抹灰
39	3D007	麦琪公寓	三类	1937	复兴西路 24 号	面砖
40	3D009	林肯公寓	三类	1930	淮海中路 1562 号	面砖、水泥抹灰（拉毛）
41	3D013	住宅	二类	1930	复兴西路 193 号	清水砖墙、水泥抹灰（拉毛）
42	3D015	住宅	三类	1923	武康路 113 号	卵石
43	3D020	住宅	三类	1923	淮海中路 1818 弄	水泥抹灰

上海历史建筑外墙饰面修缮工艺

序号	保护编号	原名称/原使用单位	保护类别	建造时间（年）	地址	外墙饰面
44	3D032	住宅	三类	1924	建国西路 622 号	清水砖墙
45	3D034	大修道院	三类	1928—1929	漕溪北路 336 号	水泥抹灰
46	3F003	住宅	三类	1920	溧阳路 1338 号	清水砖墙
47	3G003	怡和纱厂（空压站及仓库）	四类	1909	杨树浦路 670 号	清水砖墙
48	3G003	怡和纱厂（厂房）	三类	1909	杨树浦路 670 号	清水砖墙
49	3G003	怡和纱厂（英老板住宅）	三类	1909	杨树浦路 670 号	卵石
50	3G003	怡和纱厂（废纺车间）	三类	1911	杨树浦路 670 号	清水砖墙
51	3G003	怡和纱厂（大仓库）	三类	1941	杨树浦路 670 号	清水砖墙
52	3G006	正广和汽水厂	四类	1935	通北路 400 号	清水砖墙、水泥抹灰
53	3H001	上海总商会	三类	1916	北江苏路 470 号	清水砖墙、水泥抹灰、水刷石、
54	3M028	达华公寓	三类	1937	延安西路 918 号	水泥抹灰
55	3R001	黄家花园	二类	1932	崇明县城桥镇南门港街 26 号	清水砖墙、水刷石、水泥抹灰
56	4A009	中一信托大楼/中一信托股份公司	三类	1921	北京东路 270 号	水刷石
57	4A013	美丰银行	三类	1918—1924	河南中路 521~529 号	泰山砖
58	4A015	上海钱业公会	四类	1917	宁波路 276 号	花岗石、水泥抹灰
59	4A018	大清银行/中国人寿保险公司	三类	1908	汉口路 50 号	清水砖墙
60	4A026	金城大戏院	二类	1934	北京东路 780 号	水泥抹灰、水刷石

序号	保护编号	原名称 /原使用单位	保护类别	建造时间（年）	地址	外墙饰面
61	4A033	江苏旅社	三类	1911 年前	福州路 379 弄 590 号	清水砖墙、水刷石、水泥抹灰
62	4B002	荣氏花园住宅	一类	1918	陕西北路 186 号	水泥抹灰、水刷石
63	4B004	花园住宅	二类	1922	铜仁路 257 号	纸筋灰粉刷
64	4B005	大新烟草公司	二类	1910	北京西路 1094 弄 2 号	清水砖墙
65	4B009	沁园村	三类	1932	新闸路 1106~1120（双）号、新闸路 1124 弄 1~27、29、31~42、44~56(双)号	水泥抹灰、清水砖墙
66	4B010	刘氏花园住宅，小校经阁（八角楼）	三类	约 1920	新闸路 1321 号	面砖、水刷石
67	4B019	上海市科学馆	三类	1926 设计1934 扩建	胶州路 601 号	清水砖墙
68	4C003	国泰公寓	三类	1926	淮海中路 816 弄	泰山砖
69	4C016	花园住宅	三类	1920	思南路 50~70 号	卵石、水泥抹灰
70	4C023	花园住宅	二类	东幢 1921，西幢 1927	淮海中路 796 号	水刷石、水泥抹灰
71	4D001	杜氏公馆	三类	1934	东湖路 70 号	水刷石、水泥抹灰、泰山砖
72	4D004	花园住宅	二类	1912	淮海中路 1189 号	清水砖墙、水刷石
73	4D004	花园住宅	二类	不详	淮海中路 1209 号	清水砖墙
74	4D004	花园住宅	三类	1930	淮海中路 1199 号	水泥抹灰
75	4D010	并立花园住宅	三类	约 1930	汾阳路 152~154 号	清水砖墙、水泥抹灰

序号	保护编号	原名称/原使用单位	保护类别	建造时间（年）	地址	外墙饰面
76	4D011	伊丽莎白公寓	三类	1930	复兴中路 1327 号	水泥抹灰
77	4D012	黑石公寓	三类	1924	复兴中路 1331 号	水刷石
78	4D026	美童公学宿舍楼及水塔	三类	1923	衡山路 10 号	清水砖墙
79	4D038	荣氏花园住宅	三类	1939	高安路 18 弄 20 号	水泥抹灰
80	4D047	徐家汇观象（天文）台	三类	1899	蒲西路 166 号	清水砖墙、斩假石
81	4G008	复旦大学子彬院	三类	1925	邯郸路 220 号	水泥抹灰
82	4G008	复旦大学相辉堂	三类	1921(1947 年重建)	邯郸路 220 号	水泥抹灰、斩假石
83	4M001	盛世花园	三类	1923 前后	万航渡路 540 号	清水砖墙、水刷石
84	4M006	安定坊 5~7 号	三类	1936	江苏路 284 弄 5~7 号	卵石
85	4M009	麦加利银行高级职员住宅/上海房地局职工医院（1976 年起）	二类	约 1910	江苏路 796 号	水泥抹灰
86	4M011	严家花园	二类	1920	愚园路 699 号	卵石、水泥抹灰、清水砖墙、白色涂料
87	4M014	杨氏花园	三类	1923	愚园路 838 弄 7 号	水泥抹灰、水刷石
88	4M021	联安坊	三类	1926	愚园路 1352 弄	清水砖墙
89	4M032	邬达克住宅	二类	约 1930	番禺路 135 号	清水砖墙、水泥抹灰
90	5A018	上海纱业银行大楼	三类	不详	延安东路 134~150 号	水泥抹灰
91	5B009	住宅	二类	1940	胶州路 450 号	清水砖墙

序号	保护编号	原名称/原使用单位	保护类别	建造时间（年）	地址	外墙饰面
92	5B012	派司公寓	三类	1930	常熟路 100 弄 1~4号	面砖
93	5B012	派司公寓	三类	1930	常熟路 100 弄 6 号	面砖、水刷石
94	5B023	修德里	三类	1932	威海路 590 弄 41号	清水砖墙、水刷石
95	5B025	光华里	三类	1930	巨鹿路 786 弄	清水砖墙、水刷石
96	5B028	古柏公寓	古柏公寓为三类；69号为二类	1931—1941	富民路 197 弄	清水砖墙、水泥抹灰
97	5B036	住宅	二类	1921	威海路 590 弄 77号	清水砖墙
98	5B041	南洋大楼	二类	1927	陕西北路 204 号	清水砖墙、水泥抹灰
99	5B055	卡德大楼/警察公寓	三类	1930	石门二路 50 号	泰山砖、水泥抹灰
100	5B056	警察公寓	三类	不详	成都北路 337 号	面砖、水刷石
101	5B058	花园住宅	三类	不详	升平街 45、65 号	清水砖墙、水刷石
102	5B060	南华新邨	三类	1937	长乐路 774 弄	面砖
103	5F030	公济医院	三类	1877	北苏州路 190 号	清水砖墙
104	5G005	聂家花园	三类	1910	辽阳路 51 弄	清水砖墙
105	5M007	花园住宅	二类	不详	武夷路 188 号	水泥抹灰（拉毛）、清水砖墙

在资料研究的基础上，进一步分析了这些优秀历史建筑现场踏勘和修缮过程的照片，对这 105 个研究样本中的饰面材料进行了详细的统计。具体包括了清水砖墙、水泥抹灰、泰山砖、面砖、水刷石、卵石、石材、斩假石、纸筋灰粉刷、涂料这些材料的使用情况，并对这些数据进行了综合分析，分析结果如图 1-8 所示。

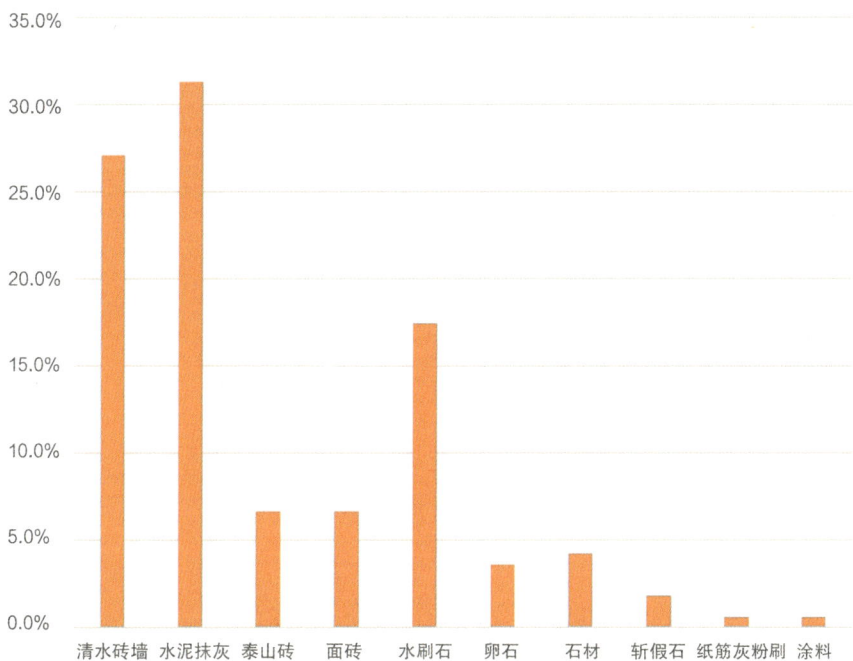

图 1-8 上海历史建筑外墙饰面种类调研

综合分析结果显示，上海历史建筑中，清水砖墙饰面和水泥抹灰饰面应用十分广泛，几乎占样本量应用的 80%。考虑到历史建筑不同风格的外墙饰面的多样性，通过统计，归纳了上海历史建筑外墙饰面的基本类型和常见工艺，详细研究成果如图 1-9 所示。由于篇幅的关系，本书将着重聚焦于 5 种上海历史建筑常见的外墙饰面展开研究。这 5 种常见的外墙饰面分别是：砖砌墙面（清水砖外墙）、抹灰饰面、石碴抹灰饰面（包括水刷石、斩假石、卵石、水磨石）、面砖饰面（分为毛面砖和光面砖等）、石材饰面，以及其他材质饰面，本书将针对这些饰面类型，展开"饰面损害原因与病理分析、保护修缮措施、各外墙饰面的常见类型和工艺特点、传统工艺和修缮工艺、特色构件以及典型案例、修缮材料与工具"等方面的研究。

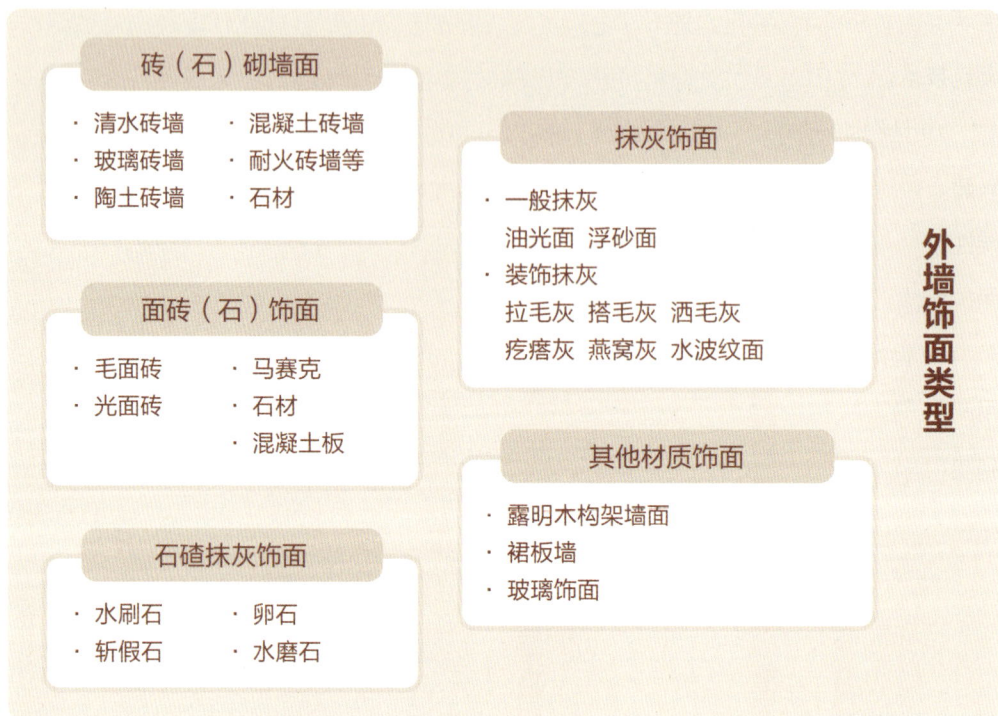

图 1-9 上海历史建筑外墙饰面类型

砖（石）砌墙面
- 清水砖墙　　· 混凝土砖墙
- 玻璃砖墙　　· 耐火砖墙等
- 陶土砖墙　　· 石材

面砖（石）饰面
- 毛面砖　　· 马赛克
- 光面砖　　· 石材
　　　　　· 混凝土板

石碴抹灰饰面
- 水刷石　　· 卵石
- 斩假石　　· 水磨石

抹灰饰面
- 一般抹灰
  油光面　浮砂面
- 装饰抹灰
  拉毛灰　搭毛灰　洒毛灰
  疙瘩灰　燕窝灰　水波纹面

其他材质饰面
- 露明木构架墙面
- 裙板墙
- 玻璃饰面

外墙饰面类型

上海历史建筑外墙饰面修缮工艺

1.3 上海历史建筑外墙饰面的材料演变

上海自开埠以来，西方建筑风格全面涌入，带来了建筑材料和工艺的深刻变革。西方饰面材料和技术在上海的建筑实践中得以广泛应用，显著促进了本地建筑材料产业的发展。上海近代历史建筑的外墙饰面材料种类繁多，风格各异，不仅丰富了建筑立面的造型语言，还通过结合特定的工艺技术，满足了外墙的功能性要求。这些饰面材料的发展和特点，共同构筑了上海历史建筑的独特风貌。本节将对几类主流的建筑材料进行演变与特点的阐述。

1.3.1 黏土砖的材料演变

砖作为一种历史悠久的人造建筑材料，在中国拥有数千年的应用历史。传统的黏土砖，以黏土为主要原料，分为青砖和红砖两种。随着上海的开埠，城市迎来了新的建筑类型，同时也引入了先进的技术和材料，这些变化逐步影响了砖墙的材料选择和砌筑技术。

19世纪40—50年代，以"殖民地外廊式"为主要风格的早期近代建筑在上海开始兴建，多为梁柱式外廊。此时的西式建筑还多用青砖或土坯砖砌筑，因为砖强度低且耐候性差，承重墙体厚实，墙砖外面覆以白色的灰泥或抹灰，依靠灰泥的防水和耐候性能保护墙体。

19世纪50年代后期，券廊式建筑渐渐代替了梁柱式的建筑，但外墙的墙体仍多采用"比欧洲系的红砖要薄得多的中国传统青砖，墙体外抹灰膏"，此时清水砖墙仍未得到使用和推广（图1-10）。

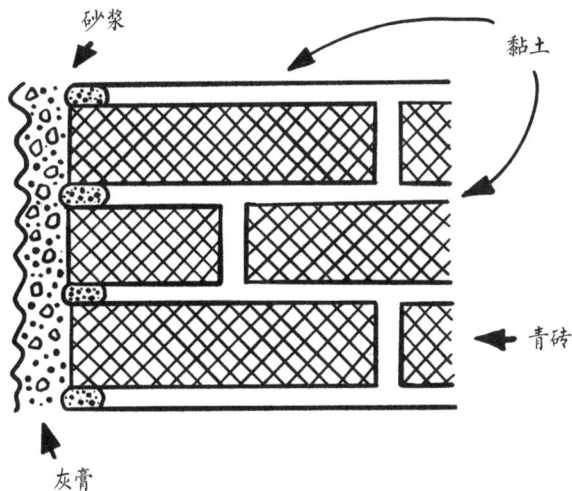

图1-10 近代早期砖墙外覆灰膏做法示意

19世纪60年代开始，受教堂建筑和英国维多利亚时代建筑风格的影响，欧洲红砖材料和制砖技术也进入了上海。于1866年翻建的圣三一教堂最早使用机器制红砖，是清水红砖外墙的代表建筑，砖墙的砌筑采用传统的英国式砌法，通过墙面造型、线脚形状、砖墙色彩、图案组合的变化等手法营造出层次丰富的内外墙装饰效果（图1-11、图1-12）。

19世纪80年代—20世纪10年代，在英国维多利亚时代晚期安妮女王复兴风格的影响下，清水砖做法成为洋派和时髦先进的代表，加之砖木工艺更易为上海地方工匠所掌握，清水砖外墙的建筑在上海得到兴建和流行，上海历史建筑进入一个以清水砖墙为主要特征的发展阶段。

随着清水砖墙建筑的流行，也带来了近代制砖业的大力发展，从1858年上海初次生产欧洲式红砖，民族资本开始在上海及周边地区兴办砖瓦制造厂，形成了全国最为发达

The Cathedral, Shanghai

图 1-11 圣三一堂历史照片（19 世纪 70 年代后期历史照片）

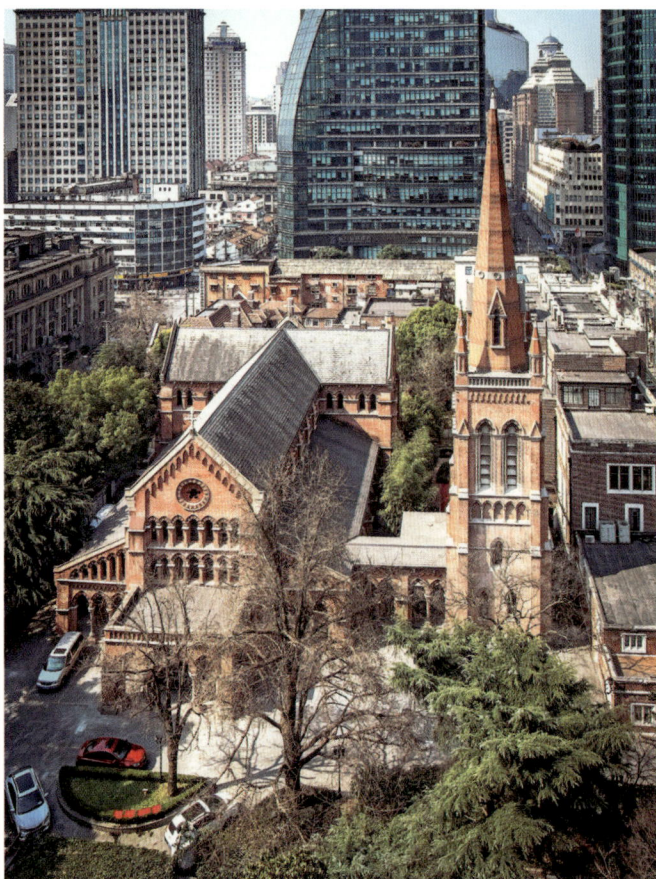

图 1-12 圣三一堂现状照片

的砖瓦制造业中心，至20世纪20年代制砖业已基本实现了由手工生产向机械化制造的转变。在此过程中，清水砖墙的青砖使用逐渐减少，转而全部采用红砖砌筑。黏土砖作为一种传统的建筑材料，在上海的历史建筑中扮演了重要角色。从早期的青砖和红砖的使用，到后来的清水砖墙的流行，黏土砖的材质特点和砌筑方式随着技术进步和文化交流而发生变化。这些变化不仅体现了建筑风格的演变，也反映了上海城市发展的历史脉络和建造科技的进步。

1.3.2 砂浆的材料演变

砂浆的发展历史最早可追溯到古代文明时期，中国早期采用的糯米砂浆，古埃及和古罗马时期采用石灰与石头粉末制成的砂浆，工业革命时期采用水泥与砂制成的砂浆，随着科技进步，砂浆材料和性能也不断改进，是历史建筑外墙常见的建筑材料。

砂浆作为一种功能性、装饰性材料，在上海历史建筑中有着悠久的应用历史。除了用于增强建筑结构稳定性，砂浆作为抹灰类饰面的主要用材，通过涂抹、刮板、喷涂、压花等多种方式，赋予历史建筑外墙不同的质感和风格，如粗糙、平滑、凹凸等，不仅令建筑增添美感，也提升了其艺术性，使历史建筑外墙呈现出多样的质感和风格，在建筑中体现出更为丰富的美学与文化内涵。

常见抹灰饰面是采用水泥砂浆、石灰砂浆、混合砂浆等砂浆作为基本材料，在砌筑好的墙体基层之上另加抹灰饰面层，以保护和美化墙体。这类饰面做法出现较早，在东、西方传统建筑中都有使用。开埠之前，上海与江南其他地区一样，传统建筑的外墙抹灰通常采用纸筋灰打底，外以石灰浆罩面。19世纪初期水泥在国外出现，并于1852年在国外申请专利。由于水泥最先从英国进口，当时人称之为"英泥"或"英坭"，近代中国北方地区称之为"洋灰"，南方大部分地区则根据其外文发音"cement"直译为"细棉土"或"士敏土"。水泥引入上海后，早期主要应用于一些水泥制品的制作。将水泥用作建材的最早的建筑是1908年建成的外滩12号——大北电报公司旧址，伴随着水泥在国内的使用，民族工业的发展，水泥厂也陆续建成，在河北诞生了最早的国产水泥厂，上海于1920年成立水泥厂，水泥工业迅速发展。一方面水泥可以作为抹面材料，另一方面在砖的砌筑及外墙面砖的铺贴过程中也需要使用水泥辅助。

根据饰面的外观效果和相应工艺的不同，上海历史建筑外墙抹灰饰面大致可分为一般抹灰、装饰抹灰和石碴抹灰。其中一般抹灰和装饰抹灰的主要材料为砂浆。一般抹灰利用砂浆提供了一种表面平整、简单的装饰效果（图1-13），而装饰抹灰则通过不同的工艺和用不同材料组成的砂浆，创造出丰富多样的装饰效果，如拉毛灰、洒毛灰、扫毛灰等。这些抹灰饰面，在上海历史建筑中得到了广泛应用，尤其在住宅类建筑中，为城市增添了独特的历史文化风貌。上海思南路、武康路等居住建筑集中的地带至今仍保留着大量拉毛抹灰饰面的建筑，并且可以发现多种拉毛纹理效果（图1-14）。

图 1-13 一般抹灰饰面

图 1-14 装饰抹灰饰面（拉毛灰）

1.3.3 石碴的材料演变

石碴材料，是指由石头破碎而成的小石块，通常用于填充墙壁的裂缝或空隙，以增强其结构的稳定性和耐久性。应用石碴材料的上海历史建筑外墙饰面，通常被称为石碴饰面，即使用石材与砂浆材料形成的饰面。石碴饰面主要是以水泥砂浆为胶凝材料，骨料则由砂改为小粒径的天然石粒石碴（如粉碎的石碴、石屑及小卵石、小圆石等），混合后形成水泥石碴浆进行墙体抹灰，然后再以水洗、斧剁等不同施工手段加以处理，去除水泥浆皮，显露石碴的颜色和质感，达到类似天然石材饰面效果的"石碴类饰面"，是抹灰饰面的一种。这种抹灰饰面因骨料粒径、材质、色彩和施工工艺的不同，可以形成丰富各异的外观效果，并具有仿天然石材饰面的特性，做工精良者几可乱真，因此也被称为"仿石饰面""假石饰面"或"人造石饰面"。

这种饰面技术一经传入上海便迅速得到推广，在各类建筑中频频出现，20世纪20年代之后逐步为中国工匠掌握，在建筑中的运用更为广泛。上海近代建筑中常见的"人造石"外饰面主要有水刷石、斩假石、卵石等几种形式。

水刷石（Shanghai Plaster），在上海方言中称为"汰石子"，其他地区有称作"洗石子""水洗水刷石"。上海历史建筑中的水刷石饰面是随着水泥（洋灰）和水泥抹灰（Plaster，Stucco，上海方言译为"批档"）技术传入中国而发展起来的。1910年前后，上海即已出现现代形式的水刷石饰面，如1906—1908年建成的外滩19号汇中饭店底层就采用了水刷石饰面，从实际效果看，在选石、配比、质感、转角细节等工艺均已成熟精湛（图1-15）。水刷石饰面在20世纪二三十年代的上海近代建筑，尤其是商业建筑和居住建筑中颇为盛行。作为上海历史建筑仿石抹灰饰面中较为典型和突出的代表，水刷石在很大程度上反映出上海历史建筑在饰面装修方面的特色，是上海历史建筑中除清水砖墙饰面之外，最为常见且最具有表征性的重要饰面类型。

斩假石也称"剁斧石"，20世纪20年代左右开始使用。斩假石饰面的材料与构造层次与水刷石大致相同，但骨料多选用粒径相对细小的石屑或米粒石。为模仿花岗石、青石等不同品种的天然石材效果，除直接使用花岗石屑等为骨料外，还可加入各种配色颜料及骨料。同时，斩假石面层可以根据需要设计、制作成不同的纹理和质感，如棱点剁斧、立纹剁斧、花锤剁斧等。作为上海标志性的居住类建筑石库门里弄，在门头、门框、勒脚等部位大量采用了斩假石饰面（图1-16）。

卵石，上海传统称为"石溜子"，是将石粒直接甩粘在砂浆层上的一种装饰抹灰做法，追求质朴凝重、色彩优雅的饰面效果。卵石外墙多出现于原法租界西区的建筑中，尤以

图 1-15 水刷石饰面（底层）

图 1-16 斩假石饰面

自然氛围较强的花园住宅、花园里弄等居住建筑为多，时而作为立面主要材质在外墙上通体使用，也常与清水砖墙、水泥拉毛抹灰、水刷石等其他饰面搭配使用，至今仍保存着大量实例。在中国古代就有利用卵石进行装饰的历史，上海受西方文化的影响，在历史建筑中大量使用（图1-17、图1-18）。

石碴饰面因骨料粒径、材质、色彩和施工工艺等的不同，形成了各种丰富多样的外观效果。工艺精湛的石碴饰面几乎可以与真正的天然石材媲美，这种独特的石碴材料应用方式不仅提升了建筑外观的美观度，同时也为建筑增添了一种历史的厚重感。

图 1-17 卵石饰面

图 1-18 卵石饰面与清水砖搭配

1.3.4 面砖的材料演变

面砖是人工烧制而成的陶瓷类贴面制品，其规格和厚度较小，可直接粘贴于墙体基底上，作为20世纪新型的饰面材料由西方传入上海，近代建造业中贴面块材的出现和普及是饰面材料和外墙装饰方法的一次创新与进步。

常用的外墙面砖按照形态通常可分为毛面砖和光面砖两大类，细分之下，光面砖又分"釉面砖"与"无釉面砖"，其中釉面砖较为常见；另面砖按照材质又可分为陶土砖、黏土砖、瓷土砖等。面砖饰面重在表面质感的差异，适用于不同部位和面积范围的外墙。

进入20世纪后，新的结构形式和建筑材料纷纷出现，可模拟砖砌效果但施工工艺简便而且装饰效果多样的面砖得到广泛使用。随着建筑技术和样式的发展，面砖饰面逐步取代了"表里如一"的清水砖墙而成为新时期建筑饰面的主流趋向之一。

学界一般认为1902年建成的外滩15号华俄道胜银行，其外墙的乳白色釉面砖是近代上海最早采用面砖的实例（图1-19）。1928年建成的四行储蓄会大楼，亦是采用外墙面砖的现存实例，设计师邬达克在这座建筑中采用了深褐色的美国花面砖作为外墙贴面（图1-20）。这类深褐色的面砖之后也成为这位近代上海知名建筑师十分偏爱的饰面材料，引领了外墙饰面新的时尚。

面砖在上海的普遍使用是在20世纪20—40年代。20世纪20年代开始，西方的现代主义建筑风格传至上海，装饰艺术派、"国际式"等新的建筑形式在上海盛行，采用面砖作为外墙饰面并与其他材质对比搭配，成为这一时期较为普遍的做法，以褐色、黄褐色和奶黄色等浅暖色系的面砖最为常见，并有不同的砌法和纹理，或特定的拼花图案，形成此时期建筑的时尚外观。面砖的镶贴方式根据使用部位的差异，建筑师对立面设计的不同意象等因素而呈现出不同特点。

在上海历史建筑外墙中，面砖材料的应用极具创意，不同的拼贴方式和设计组合塑造出各具特色的建筑风格。通过精心设计的面砖拼贴，展现出建筑的独特魅力和时代特征，使建筑更具历史传统感和艺术价值，面砖是上海历史建筑中不可或缺的重要元素。

图1-19 1902年建成的外滩15号华俄道胜银行

图 1-20 邬达克设计的四行储蓄会大楼

1.3.5 石材的材料演变

在西方建筑体系的影响下，（天然）石材外墙饰面自20世纪初以来在上海的公共建筑中大量使用，石作工艺超越了本土传统的局限，吸取了西方饰面技术的成果，至20世纪30年代已具备了精湛纯熟的技艺和考究的做工。

就石材质地和特性而言，上海历史建筑饰面所用天然石材主要为花岗石、青石等，少数采用大理石，尤以硬度高、耐磨损、耐腐蚀的花岗石使用最多。青石，色青略带灰白，强度不及花岗石，多用作线脚、雕饰，或窗台、券心石等外墙局部。大理石则因硬度较低、抗腐蚀较差、耐磨性低、耐压性、抗酸性较差，在室外环境中易受腐蚀，很少用于外墙装饰，多出现于室内墙面装饰，只有少数质地较纯的品种如汉白玉、艾叶青等可用于室外。

石材饰面在20世纪20—30年代的上海建筑中应用广泛，石材在使用数量和品种方面都有较高的需求，除从意大利、美国、英国、墨西哥、日本等国家进口各类天然石材外，国内的石材开发和加工也逐渐得到了发展。石材原料的丰富为建筑饰面提供了多样的选择，也形成了多样的饰面效果（图1-21）。

图 1-21 石材饰面

1.4 上海历史建筑外墙饰面工艺特点

1.4.1 清水砖外墙工艺特点

清水砖外墙,作为一种传统的建筑外墙装饰手法,采用整砖砌筑的方式,其排列形式多样。采用不同色彩的砖块排列,形成水平线条和几何图形;采用砖雕的形式在山墙山尖、砖柱顶部、挑檐口、拱心石等部位形成特殊的装饰;采用特殊加工的异形砖砌筑,在门框的边柱、横梁、山花边框,门窗楣,门窗套,拱券,门洞等部位,形成装饰线脚;通过砖面的凹凸变化,如顶砖外伸、挑檐、叠涩、垂饰、窗下墙、腰线、出线,墙面每隔数皮收进一皮等方式,形成变化多端的艺术效果。

清水砖外墙,通常采用强度较高的红砖或青砖,具有较好的耐久性和稳定性;墙面不做粉刷和任何装饰,保持了砖墙的原貌;以其未经装饰的自然状态呈现,展现了砖块本身的色彩和质感,给人一种朴素自然的美感。清水砖外墙的砌筑工艺讲究,砖与砖之间需精确对缝,形成独特的砖缝装饰。砖墙的转角、门窗套、勒脚等部位,通过异形砖的加工砌筑,形成丰富的装饰效果。清水砖外墙,是历史建筑的重要装饰元素,能够反映不同时期的建筑风格和文化特色,具有较高的历史价值。

但由于清水砖外墙未经特殊处理,表面容易产生吸水、风化,导致墙体开裂、粉化等问题,维修时需采用特定的技术和材料,才能保持其原有风貌。清水砖外墙的保护和修缮工作,不仅需要考虑其美学价值,更重要的是对历史信息的保护和传承。因此,在修缮过程中,虽然可以采用现代科技手段,提高修缮效率和效果;但应尽可能采用传统材料和工艺,确保清水砖外墙的长期稳定和美观。

1.4.2 抹灰饰面工艺特点

抹灰饰面,有着悠久的历史,是人类历史上最古老的墙面装饰方法之一。在世界各地的传统建筑中,抹灰饰面都被广泛使用,展现了其深厚的文化底蕴和艺术价值。在上海开埠前,传统抹灰工艺,主要采用传统的糯米灰浆和石灰灰浆,抹灰面虽然具有良好的黏结性和耐久性,但工艺简单、装饰效果有限。随着西方建筑风格和技术的引入,抹灰饰面经历了从传统到现代的转变过程。

水泥抹灰的出现,极大地提高了抹灰层的强度和耐久性,同时也为抹灰饰面的多样性提供了可能。常见的装饰抹灰包括拉毛灰、压毛灰、洒毛灰等,每种工艺都能赋予墙面独特的质感和美感。20 世纪初,上海的建筑装饰风格受到西方的影响,装饰抹灰技术得到了广泛应用。这一时期的抹灰饰面不仅注重功能性，还强调装饰性。抹灰饰面工艺灵活多变，可以根据不同的设计要求和施工条件，采用不同的材料和施工方法。这使得抹灰饰面能够适应各种建筑风格和装饰需求，创造出丰富的装饰效果。

抹灰饰面，不仅具有装饰作用，还可以改善墙面的物理性能，具有提高墙面的平整度、增强墙体的保温隔热性能等作用。通过选择合适的材料和施工工艺，抹灰饰面可以实现对墙面的保护，提升其使用功能。抹灰饰面通常采用耐候性好的材料，如水泥、石灰等，这些材料不仅易于获取，而且维护简单，能够有效地抵抗自然环境的影响，延长饰面的使用寿命。

1.4.3 石碴抹灰饰面工艺特点

石碴抹灰，也称为假石抹灰或仿石抹灰，是一种在建筑外墙表面使用石碴材料（如石头碎片）进行装饰的工艺。相较于传统的抹灰饰面，石碴抹灰饰面的肌理和质感、色彩和图案，以及造型，为建筑外立面增添了寓情于景、中西合璧的艺术表现力，让抹灰饰面的表现形式增加了更多的可能性。是上海近代历史建筑较为典型的装饰特征，对于上海历史风貌保护具有重要价值。

石碴抹灰饰面，工艺相对简单、操作方便，可因地制宜地进行各种建筑部位和场景施工，有较强的便捷性和灵活性，可满足不同建筑场景的装饰需求。石碴抹灰饰面，通过采用不同的骨料及配和比，掺入不同的颜料或者采用不同的施工工艺，创造出丰富多样的装饰效果。

石碴抹灰的常见类型包括：水刷石、水磨石、斩假石和卵石等，各有其独特的特点和施工工艺，用水泥做胶结材料、天然石屑做骨料，与水、颜料一起拌和成砂浆，抹在建筑物的表面或塑制成建筑装饰构件造型，然后根据各饰面效果的要求，通过"冲洗、水磨和斩琢"等工艺，露出天然石屑颗粒、肌理，露出石碴的自然颜色和纹理；斩假石通过人工斩琢，水洗去除表面的水泥浆，形成凹凸不平的纹理，模仿天然石材的效果；卵石则直接甩掷在墙面，形成自然且不规则的装饰效果，与天然石料有着异曲同工的表现。

石碴作为建筑饰面的主要材料，可以使建筑物免受风雨、大气侵蚀，能够有效保护建筑外墙，具有良好的抗老化性能，能够长时间保持外墙美观，延长建筑寿命。石碴抹灰饰面使用的石碴材料，可循环利用；同天然石料相比，施工方便、造价低廉、适合大规模应用。

1.4.4 面砖饰面工艺特点

面砖，是上海历史建筑外墙饰面中常见的一种材料，它因其耐久性和美观性而广受欢迎，其独特的表面质感和颜色，具有很强的装饰性。面砖的种类繁多，有毛面砖和光面砖两大类，包括：釉面砖、陶土面砖、泰山砖等。毛面砖，以其粗糙的毛细孔隙和多变的色彩，为建筑外墙提供了自然古朴的装饰效果；光面砖，又分为釉面砖和无釉面砖，因其丰富的色彩和多样的尺寸而较为常见。其中釉面砖以其光滑的表面和多样的色彩，为建筑外墙增添了现代感。

上海历史建筑中使用的面砖品牌，多出品于泰山砖瓦股份有限公司、业隆瓷砖公司、益中瓷厂等，这些面砖色彩和尺寸丰富，具有较强的装饰效果。泰山砖，是面砖中的一种特殊类型，其排列方式和清水砖相近，但具有独特的 L 形砖。在阳角处，泰山砖多使用 90° 的 L 形砖，而在窗台等位置则使用大于 90° 的 L 形砖，在窗楣等位置则使用小于 90° 的 L 形砖。这种设计不仅增加了建筑的美观性，也提高了建筑的实用性。

面砖直接镶贴在找平层上，其排列的方式多样，常见的有齐缝、错缝、离缝等形式，在阳角处，面砖多采用 45° 角拼缝，以达到美观和实用的效果。面砖的黏结基层，则分为："软底脚"和"硬底脚"两种类型。[①] 在保护修缮中，需要综合考虑面砖的排列方式、劣化类型和黏结材料，以确保修缮后的面砖能够达到预期的效果。

在上海历史建筑外墙饰面实际应用中面砖既美观又实用，不仅体现了上海历史建筑在建筑装饰上的独特风格，也为现代建筑设计提供了参考和启示。

1.4.5 石材（石板）饰面工艺特点

石材饰面，具有独特的天然纹理，这些纹理是由石材内部的结构和矿物组成决定的，独一无二，无法复制。这种自然纹理增加了建筑的外观美感，使其更加生动和有吸引力。石材的颜色，从淡灰到深黑，从纯白到多彩，种类繁多。不同的石材颜色可以营造出不同的氛围和视觉效果，如温暖的米色、淡雅的灰绿色、沉稳的深棕色等，为建筑增添独特的魅力。石材具有较高的强度和耐久性，能够抵御自然环境的侵蚀和人为的破坏。因此石材饰面具有较长的使用寿命，维护和更换的频率较少。石材饰面在外墙装饰中独树一帜，具有很高的艺术价值、审美价值和实用价值。

---

① "软底脚"以石灰膏为胶凝剂；"硬底脚"以水泥为胶凝剂。

19 世纪末至 20 世纪初，上海历史建筑的外立面石材主要采用传统的天然石材，如花岗石、青石、大理石等，多用于建筑的外墙、柱廊、基座等部位。这些石材经过精心挑选和加工，切割成规则的块状或柱状，然后安装到建筑的外墙上。虽然原始石材可能形状不规则或表面凹凸不平，但通过切割、打磨、拼接等加工工艺，可以加工成各种形状和规格的石材饰面，满足不同建筑的需求。石材的施工工艺注重整齐排列和精细打磨，使得建筑外立面呈现出一种庄重、典雅的感觉。

上海外滩万国建筑群，是上海历史建筑中的经典案例，其石材外立面工艺是上海历史建筑石材饰面工艺的顶峰。外滩万国建筑群，包括了亚细亚大楼、有利大楼、日清大楼、怡和洋行大楼等，始建于 20 世纪初，建筑群的外立面部分主要采用天然石材，其精湛的工艺和独特的审美情趣至今仍受人们赞赏。这些建筑不仅展示了上海历史建筑的特点，也见证了上海城市发展的辉煌历史。

在不同历史时期，上海的建筑风格受到了不同文化背景的影响，呈现出独特的风格。从租界时期到民国时期，再到新中国成立和改革开放，上海的城市建设和发展经历了翻天覆地的变化，每个阶段都留下了不可磨灭的建筑印记。历史建筑，作为人类文明的重要遗产，不仅因其历史价值、科学价值、艺术价值而备受推崇，更因其所蕴含的社会和文化价值而被世代传承。上海历史建筑外墙，是城市文脉的直接组成，也是重要的城市文化遗产，因而历史建筑外墙的保护修缮，对于上海城市文化及历史风貌的传承具有至关重要的意义。上海历史建筑外墙饰面的演变过程也为现代建筑提供了宝贵的经验和启示。

上海历史建筑外墙饰面的演变，源于近代上海走向现代性的文化表达及技术支撑，不仅体现了建筑风格的多样性和材料的选择性，也反映了上海城市发展的历史脉络和科技；更反映了上海在东西方文化碰撞与融合中的独特发展路径，展现了城市的历史、文化价值。

第2章 上海历史建筑外墙饰面的修缮准备

历史建筑保护修缮工作主要涉及建筑外墙饰面的材料和工艺。选择合适、正确的材料与工艺修复历史建筑，是对城市历史与文化的尊重，更是对城市及建筑风貌的再现。历史建筑保护是一项融合现代科技与传统价值的复杂任务：一方面，历史建筑保护工作必须考虑如何使用当代的工具、工艺、材料、技巧，以科学的态度对待历史建筑修复工作；另一方面，又需要尊重历史建筑本身的艺术性与历史性，在"修旧如故"的保护理念下恢复其历史风貌。

作为城市文化遗产的重要组成部分，上海历史建筑历经几十年甚至几百年的风雨侵蚀，以及城市发展的变迁，面临着结构安全、环境适应性、使用功能等多方面的挑战。外墙饰面作为历史建筑外观的重要组成部分，不仅直接关系到建筑的美观和保护，也是评估建筑整体健康状况的重要指标。随着时间的推移，外墙饰面可能会出现多种病害，如剥落、开裂、霉变等，这些病害不仅影响建筑的外观，还可能导致结构安全问题。

面对外墙上遗留下的岁月痕迹，在修缮前进行历史建筑外墙饰面的查勘、病害信息的解读和外墙饰面的检测都至关重要，其结果会直接影响外墙饰面保护修缮的判断和干预程度的选择，因此在工程开始前开展相关工作，是至关重要的步骤。

02

2.1 历史建筑外墙饰面检测

在对历史建筑修缮施工前，需要对外墙面层材料、构造、稳定性、结构安全等方面进行全面、详细地检测和分析，形成反映建筑残损状况的图纸、照片和文字资料。在外墙检测报告的基础上，结合现场踏勘的病理病害分析，才能科学、准确地制定一套系统性的历史建筑外墙饰面修缮方案。

2.1.1 检测的原则

历史建筑外墙饰面检测，是一项针对性强、技术难度高的工作。由于历史建筑严格的保护要求，在确认检测项目后，还应充分考虑减少对历史建筑的影响。而在具体检测中应遵循以下原则：

（1）遵守现行相关的检测鉴定技术标准和各类历史建筑保护管理规定；

（2）一般情况下，不允许破坏保护部位；

（3）检测不得影响建筑结构安全；

（4）检测鉴定必须能为以后的修缮提供技术依据；

（5）材料力学性能检测应主要采用无损检测技术，辅以微破损检测技术，当前两者都不能适用时，最后适当采用微损检测。

2.1.2 检测的内容

检测内容应包含材料性能的检测、主要材料类型和工艺的调查、白蚁危害状况检测等。

（1）材料性能检测是对特色、典型材料，在按原样修复、替换前，通过采样测试、化学成分分析等方法确定其组分、产地、材料类型等所做的检测。可对取样材料进行 X 衍射分析、化学成分分析、扫描电镜、色谱分析等方法检测其矿物组成结构；历史建筑外墙材料性能的检测除了常规的材性检测，根据修缮需要还可进行外墙毛细吸水系数检测、外墙材料红外热像检测、材料的有害盐分析等工作。

（2）主要材料类型和工艺的调查，包括：外墙石材的类型、粘贴工艺、清水墙的灰缝形式、外墙抹灰组成、施工工艺，石碴类饰面的组成、施工工艺等内容。

（3）木结构白蚁危害状况检测应包括：白蚁危害受损的程度、范围的现场查勘；白蚁危害状况的检测结论；白蚁防治方法的建议（或方案）。

2.1.3 检测的方法

上海历史建筑保护工作发展至今，其中的检测方法和技术手段已经十分多元化。根据历史建筑外墙的不同检测内容可采用不同的检测方法，检测时应率先使用无损检测技术，当检测可能对饰面造成负面影响时应谨慎进行。目前常用的检测方法主要包括：

2.1.3.1 资料调查法（历史图纸、文字资料、照片）

资料调查法包括做法调查和缺陷调查，其中做法调查是对历史特征的识别和原始做法的调查，包括（标准、异形）砖块规格、砌筑砂浆品种、砖缝（种类、尺寸）调查、构件（拱券、窗盘、隅角）、砖雕线脚、装饰性图案调查和测绘；组砌方式分析；色彩分析。缺陷调查主要调查裂缝情况、裂缝分类、墙面倾斜、沉降、表面风化、缺失、改动、封堵；墙面渗漏、潮湿情况调查；历史修缮及变化情况。本方法以徐汇区天主教堂外墙修缮项目为例，资料查询情况见图 2-1~图 2-3。

2.1.3.2 目测法

按个人目视观测成果来判定外墙饰面的状态。历史建筑外墙饰面完损的情况下通常采用目测法（图 2-4、图 2-5）。

2.1.3.3 敲击法

采用小锤子（空鼓锤）作为检测工具，根据敲击物体产生的声音频率及声响特征来判别物体的细密程度和内部空泛，以此来检测外墙空鼓、渗漏可能性（图 2-6）。

2.1.3.4 红外热成像检测

红外热像仪可以用来检测物体表面的温度分布，通过测量物体表面的辐射热量来生成热图，从而揭示物体表面的温度差异。根据建筑物表面温度场的分布，以热像图的形式对外墙饰面层损伤缺陷进行检测（图 2-7）。

图 2-1 徐家汇天主教堂历史照片一

图 2-2 徐家汇天主教堂历史照片二

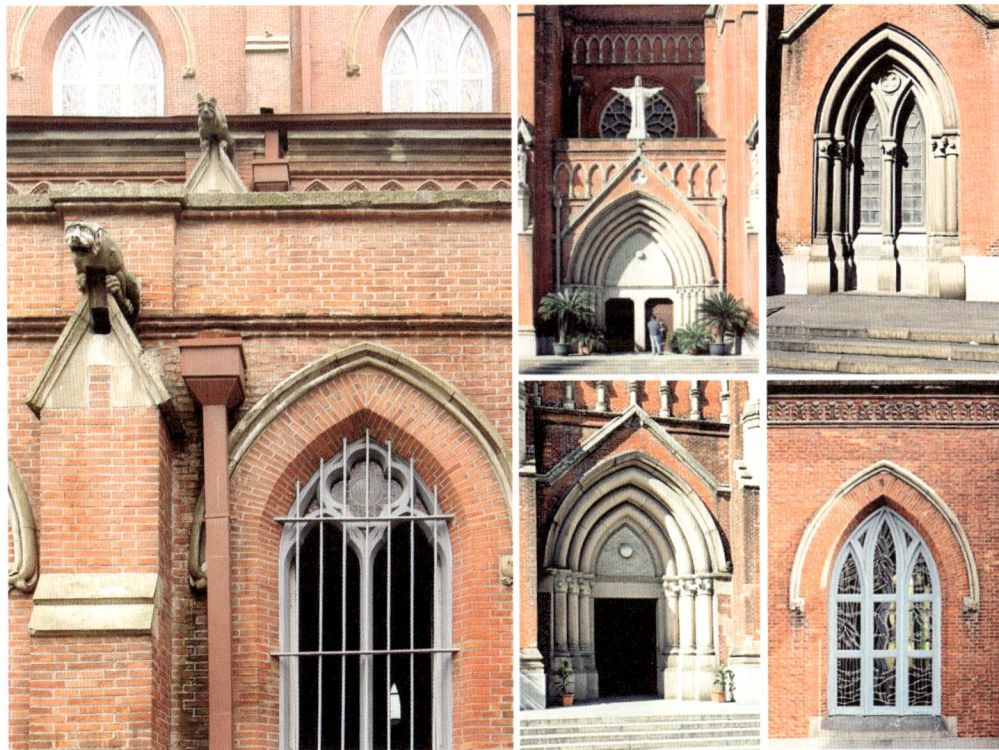

图 2-3 徐家汇天主教堂特色外立面

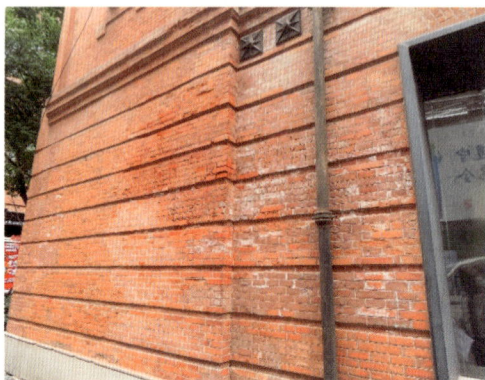

图 2-4 怡和打包厂墙面大面积风化返碱现象

图 2-5 聂家花园南楼北立面二层窗角竖向贯穿裂缝

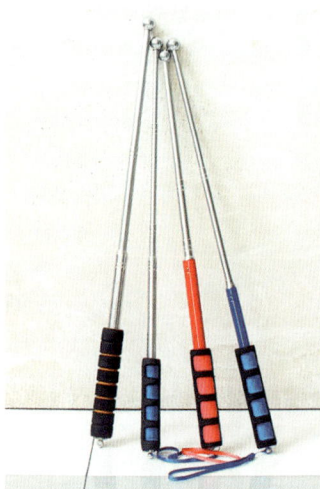

图 2-6 上海中学龙门楼外墙空鼓锤检测结果

图 2-7 外立面红外热像仪空鼓检测

2.1.3.5 外墙表面风化微损检测法

针对历史建筑砖石材料的风化和劣化程度进行研究，通过抗钻阻力法钻孔采集砖石材料单位深度上的抗钻阻力值及其波动状况，判断物体的内部结构，确定材料表层的微观风化程度以及机械强度性能（图2-8、图2-9）。

图 2-8 阻尼抗钻仪进行外墙检测

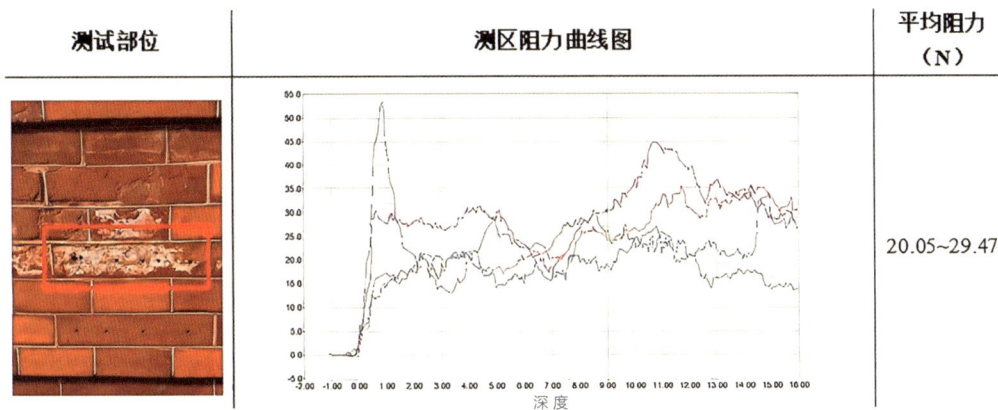

测试部位	测区阻力曲线图	平均阻力（N）
		20.05~29.47

图 2-9 怡和打包厂清水砖墙修缮后表面风化损坏情况检测

2.1.3.6 外墙现场取芯检测法

为明确建筑做法，结合现场实际条件可采用测厚仪、取芯机、游标卡尺等仪器进行抽样测量（图2-10、图2-11）。

图 2-10 取芯机

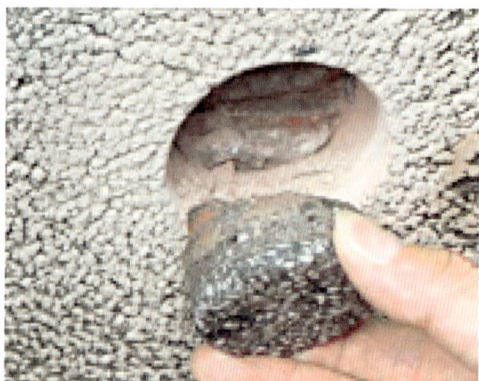

图 2-11 中国证券博物馆（原浦江饭店）沿街外立面典型做法（40mm 厚水刷石、清水红砖基层、25mm 厚内粉刷）

2.1.3.7 材料性能检测

经现场勘察及取样，采用电子显微镜、化学分析法对材料性能（原材料组分、材料类型、配比、色差、粒径、烧制温度等）进行检测分析。经现场取样后，在实验室进行材料分析（图 2-12~ 图 2-14）。

图 2-12 石材现场取样

图 2-13 光学显微镜观察为石灰岩

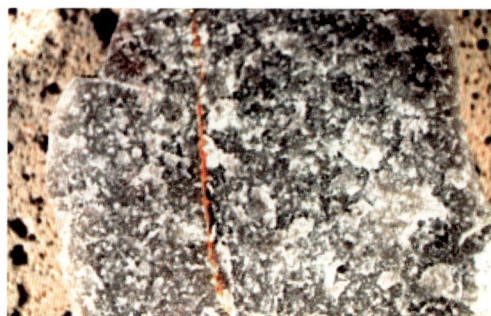

图 2-14 光学显微镜观察为石灰岩，颗粒为方解石

如对砂浆的组成分析参照"德国 Wisser & Knoefel 方法"进行，其原理为通过对样品的酸化和碱化处理依次将其中的碳酸钙、水硬性组份（即碱化过程可溶解的物质等）及骨料进行分离，最后根据重量变化对样品中现有及原始各组分含量进行定量分析。以上述项目的第三层为例进行分析，结果详见图 2-15。样品测定的原始粘接剂总含量为 68.33%（质量比）。测定原始水硬性组分含量为中到低等，原始灰砂比约为 1 ： 2.2（质量比）。

样品的组分分析结果

编号	M_0/g	M_1/g	M_2/g	G/%	U/%	B_1	B_0	S_1	S_0
1	38.28	12.06	9.77	74.47	68.33	0.34	0.46	5.97	8.01

其中：

M_0：所取样品烘干后的质量 M_1：样品经盐酸处理后烘干的质量

M_2：样品经饱和碳酸钠处理烘干后的质量

G 为现有胶粘剂含量   U 为原始胶粘剂含量

B_1 为测定灰砂比 B_0 为原始灰砂比

S_1 为胶粘剂中现有水硬性组分 S_0 为胶粘剂中原始水硬性组分

图 2-15 样品组分分析

2.1.3.8 材料强度检测方法

砖石、砂浆的强度一般采用回弹法和贯入法确定（图 2-16、图 2-17）。

图 2-16 砖墙强度回弹测试

图 2-17 砂浆强度测试

2.1.3.9 超声波检测法

超声波检测法是一种利用超声波在材料中传播的特性来检测材料内部缺陷、裂纹、变形等问题的方法，常被用来检测石材强度。石材三轴超声波测试是基于超声波在石材中传播的特性。当超声波通过石材时，会受到石材内部结构和物理性能的影响，从而产生传播速度的变化和衰减。通过测量超声波的传播速度和衰减特性，可以推断出材料的弹性模量、泊松比、抗压强度等力学参数。如松江唐经幢采用了超声波检测岩石方法，对表面石材进行同侧面检测，分析后期修复采用的补充砂浆或者树脂对原有石材强度的影响（图 2-18、图 2-19）。

图 2-18 现场超声波测试

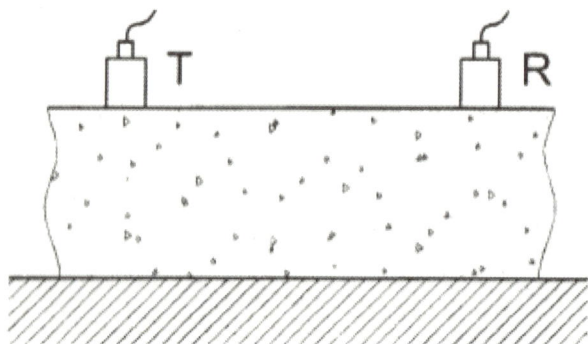

图 2-19 超声波间接测量法（T 表示超声波传感器发射端，R 代表传感器接收端）

当两个传感器之间的石材表面存在缝隙或裂痕的时候，会影响最终测得的超声波速及其波形图。超声波检测所用的波为纵波，经过石材表面传递到接收端的传感器，波速与材质本身的致密度有关，越致密的石材波速越大（图2-20、图2-21）。

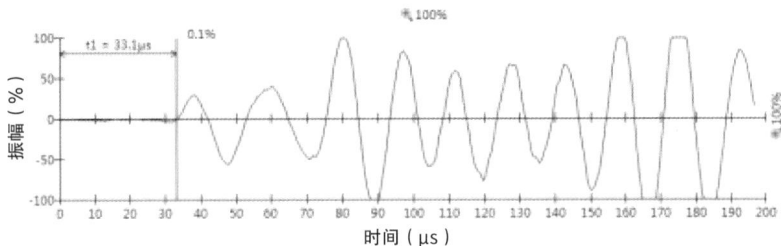

图 2-20 表面完好的超声波形图

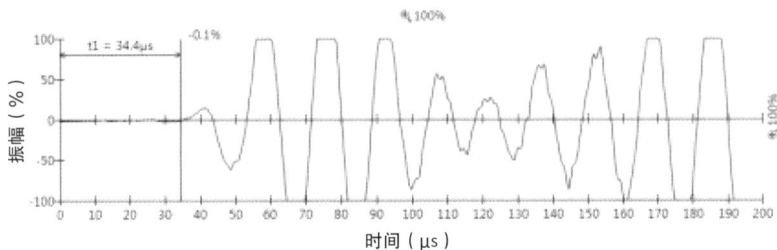

图 2-21 填充裂缝的石材超声波形图

2.1.3.10 外墙现场粘结拉拔检测法

通过现场粘结拉拔试验可以查明外墙面粘结情况（图2-22）。如在四行天地项目中，根据完损及红外热像检测结果，受检房屋外墙饰面砖粘结缺陷主要位于饰面砖（包括粘结层）至保温层，因此对于存在保温系统的受检区域，以外保温的抗裂砂浆层作为基层，根据《建筑工程饰面砖粘结强度检验标准》JG/T 110-2017，对受检房屋外墙饰面砖粘结强度进行拉拔试验。现场采用 LR-6000C 饰面砖粘结强度检测仪，试块尺寸采用 45mm × 95mm。

图 2-22 外墙面粘结拉拔试验

2.1.3.11 气体湿度检测

采用测量气体湿度的物性分析仪器[①]检测湿度（图 2-23）。空气的湿度检测可及时发现建筑物内部和外部环境的湿度变化，防止因湿度变化引起的材料老化和结构损伤；空气的湿度检测不仅有助于保持建筑的良好状态，还能延长建筑的使用寿命，在历史建筑保护中发挥着重要作用。

图 2-23 复兴西路 193 号洋房外墙处的空气湿度检测

2.1.3.12 外墙毛细吸水系数检测法

采用卡斯腾量瓶法测试外墙毛细吸水系数，即时间间隔为 0.25h 或 0.5h 内的单位面积吸水量（kg/m^2）。卡斯腾量瓶法能定量、半定量地测量材料毛细吸水系数，即在一定压力下的毛细吸水能力，能较好地模拟外墙面抗雨水侵蚀的能力，能够直观地反映材料

---

① 气体湿度测定仪：又称精密露点仪等，适用各种极端恶劣的环境，测量精确可靠，长期稳定性好。

的吸水能力，外墙毛细吸水能力与外墙砖的防水性能有直接关系，由于外墙饰面的风化破坏过程都与水有关，所以根据外墙饰面的吸水性能测试结果，可以有针对性地采取有效的修缮和保护措施（图2-24、图2-25）。

图 2-24 面砖透水率测试

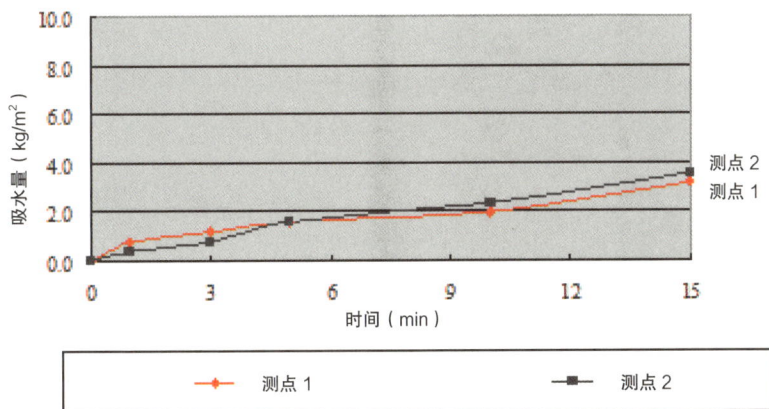

图 2-25 立面青砖吸水量随时间变化曲线图

2.2 历史建筑外墙饰面现场查勘

以往的现场查勘几乎全部依靠人力，对历史建筑"望、闻、问、切"进行现场情况与劣化分析。近年来，数字化技术被引入历史建筑保护中，逐渐成为一种重要的保护与传承手段。这些技术包括三维激光扫描技术、摄影测量技术、红外热像技术等，是一种新的工具和方法，通过这些技术，可以更全面、精准地记录、保护和传承历史建筑。其中，地面激光扫描技术以及基于无人机的摄影测量、红外热像技术被广泛应用于历史建筑外墙查勘中。

2.2.1 无人机遥感扫描检测

基于无人机的摄影测量技术，是利用无人机搭载的光学传感器，通过遥控无人机对历史建筑外墙进行高分辨率、多角度、全方位的拍摄。拍摄结果传输到电脑上进行解析、建模（图2-26、图2-27），最终能从物理形态以及纹理色彩方面高度还原建筑外貌的测绘技术，能够帮助人们对历史建筑外墙状态进行更加全面和准确的评估。

同时通过无人机搭载红外热像传感器，利用无人机空间作业方式、机动性能强的特征，能够快速对历史建筑外立面进行无死角的检测，最大程度地发现历史建筑外立面产生的空鼓或渗水类缺陷，解决传统地面手持红外热像仪进行作业时，出现的检测误差大、检测区域小等种种弊端。

图 2-26 复兴西路 193 号洋房通过无人机摄影完成的 3D 建模

图 2-27 复兴西路 193 号洋房 3D 建模屋面的细节图

2.2.2 三维激光扫描技术

三维激光扫描技术又称作"实景复制技术"，它是利用激光测距的原理，通过记录被测物体表面大量的密集点的三维坐标信息和反射率信息，将各种大实体或实景的三维数据完整地采集到电脑中，进而快速复建出被测目标的三维模型及线、面、体等各种图件数据。结合 AutoCAD 等各领域专业软件，对点云数据处理后进行运用（图 2–28~ 图 2–30）。三维扫描技术能够实现目标物体空间坐标信息、纹理信息的数据采集；可根据扫描获取的数据，分析建筑外墙劣化情况及建筑结构的偏移、裂缝、变形等安全问题，在历史建筑勘察中具有重要作用。

图 2-28 三维激光扫描立面

图 2-29 三维激光扫描点云图正立面

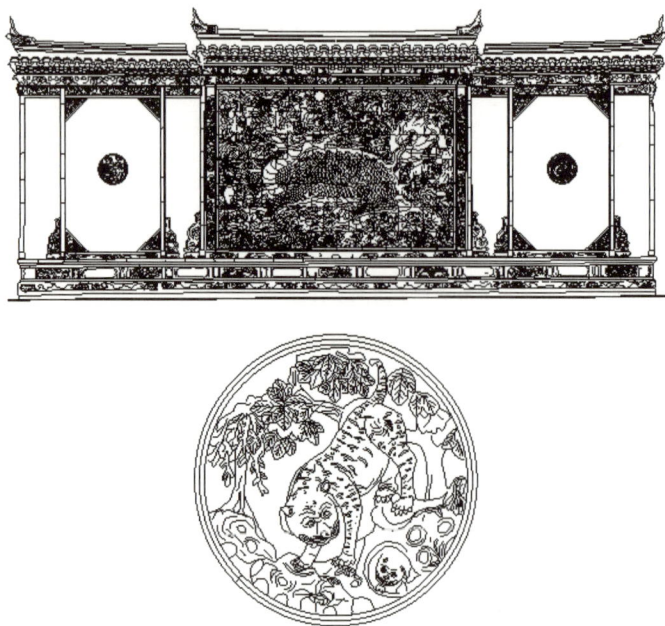

图 2-30 三维激光扫描后测绘图

2.3 历史建筑外墙饰面的常见病害

上海历史建筑外墙饰面病害是指各种病害因子长期作用在外墙表面（层）使材料发生劣化后呈现的状态。这些病害不仅影响城市美观，更对建筑外墙材料甚至内部结构安全性造成极大的负面影响。历史建筑外墙饰面病状大致可分为水汽渗透侵蚀、高温暴晒、风荷载及机械性磨损、污渍与饰面损坏等，还有些病状不一定属于病害，需要具体问题具体分析。

2.3.1 自然侵蚀

上海历史建筑建成至今有数十年至上百年的历史，雨水侵蚀、风化、沾污、腐蚀等自然破坏是历史建筑外墙饰面破坏的主要原因，其中尤其以（台）风、暴（雨）、潮（汐）的侵蚀最为严重。

这种自然侵蚀也与上海独特的地理位置密切相关。上海地处长江入海口，东濒浩瀚东海，南临杭州湾，每年都遭受太平洋热带气旋的袭击，平均最大风速可达 30m/s（相当于 $56.2kg/m^2$）。据气象部门统计，自 1949—2002 年，以上海为中心的 550km 范围内经过而影响到上海的热带气旋共 186 个。台风带来的风暴潮灾害可对历史建筑造成重大损害。上海属亚热带季风气候区，温和湿润、雨水充沛，年平均降雨量 1184mm，平均相对湿度 76%；6 月初以后有持续 30 天左右的梅雨季节，天气闷热，相对湿度高达 85%~95%；而 7~10 月多暴雨台风，雨量大而集中，低洼处常积水甚至倒灌，建筑墙体根部常遭受浸泡，对内河沿线及市区低洼处建筑造成较大伤害。

除了上述剧烈风、暴、潮破坏之外，过高的空气湿度也对建筑外墙造成侵蚀，如墙体灰浆腐蚀、漆面脱落、真菌污斑和有害生长等损坏大都与上海地区自然气候环境有关。图 2-31 列出了因自然侵蚀造成的常见病害类型及形成原因。

植被、苔藓覆盖

形成原因：长期处在阴凉潮湿地方，容易滋生苔藓、霉菌等。

顽固污渍

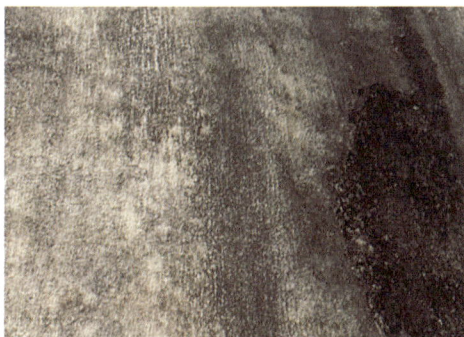

顽固污渍原因：污染物长期累积渗透入墙面。

空鼓、起壳

空鼓、起壳原因：污染物长期累积渗透入墙面。

图 2-31 自然侵蚀——常见病害类型及形成原因

形成原因：在干湿变化、温度变化、冻融变化等物理因素作用下，材料不能长期保持其原有性质而被破坏。

裂缝

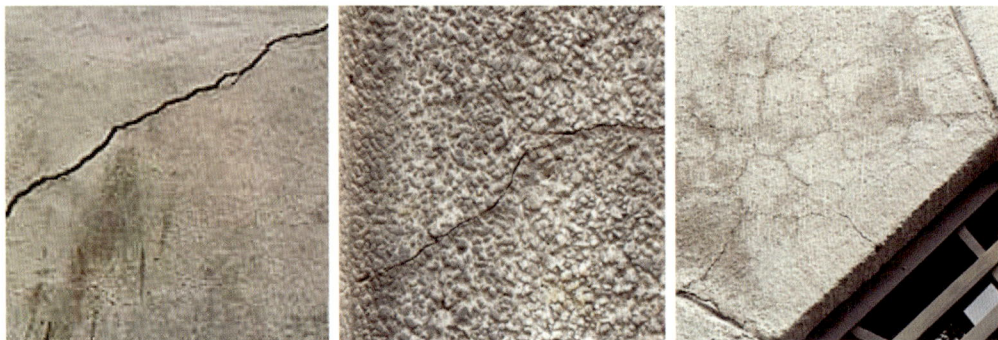

形成原因：由材料干湿变化收缩引起。

图 2-31 自然侵蚀——常见病害类型及形成原因（续）

2.3.2 人为损坏

除了最主要的自然侵蚀因素，人为损坏是历史建筑外墙的另一大"杀手"。由于上海历史建筑的使用功能一直延续至今，日常居住、工作、生活在其中的人们难免会存在不合理的使用情况，这便会造成历史建筑外墙的人为损坏。在这类损坏中又主要分为三种情况：使用不当、改造不当和修缮不当。

2.3.2.1 使用不当

过去百年间，伴随着上海市区人口激增，大量历史建筑尤其是居住类历史建筑——里弄住宅、花园洋房中的居民承载量都大大超过了其初始设计时的容量。一方面，新增的居住人口导致历史建筑负荷超载损坏外立面及内部结构；另一方面，过量居住人口导致历史建筑出现大量私搭乱建，如露天加建、破墙开洞、封闭廊道等，这些现象严重地破坏了外墙的原有风貌。总体而言，过度增加的使用负荷使历史建筑不堪重负，并对历史建筑外墙风貌及结构造成严重损坏。图2-32列出了因增加使用负荷造成的常见病害类型及形成原因。

孔洞

形成原因：外墙随意开孔、固定外墙构件产生。

附加铁件

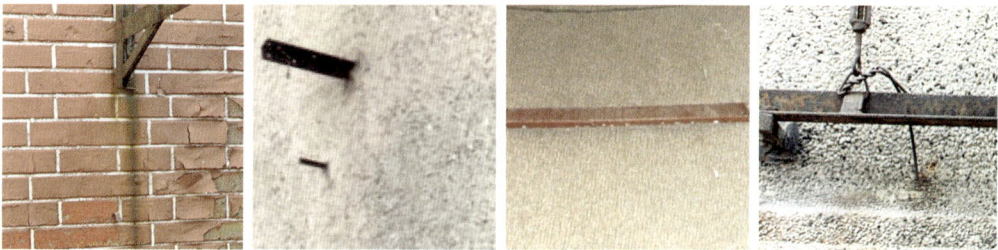

形成原因：空调支架、晒衣架、遮阳罩等安装残留。

铁锈污染

形成原因：外墙铁构件的锈蚀后锈水流挂在表面引起。

涂鸦污染　　　电线、管道零乱

形成原因：人为乱涂乱画；设备管线随意布置。

图2-32 使用不当——常见病害类型及形成原因

2.3.2.2 改造不当

除了日常使用不当造成的人为损坏，需要注意的是，改造不当也容易成为历史建筑外墙的"隐形杀手"。如果改造工程前期研究不足，极其容易对外墙产生不可逆的大规模破坏。其中最忌惮的是以刷涂料、刷真石漆[①]为手段的"整旧如新"的商业开发和市容改造工程，这会导致大量的现代材料掩盖了历史建筑原有的外墙肌理，破坏了历史建筑的原真性，也为未来可能采取的外墙恢复和修缮带来更多的困难。图2-33列出了因市容改造工程造成的常见病害类型及形成原因。

后期装修面层覆盖原有墙面

形成原因：后期改造不当产生。

图2-33 改造不当——常见病害类型及形成原因

2.3.2.3 修缮不当

除了上述自然侵蚀、人为损坏，专业性的保护修缮如果工作不当，也容易造成历史建筑外墙的不可逆破坏。因此保护修缮专业从业人员需要尽量避免在修缮工程中错误采用一些不成熟的修缮技术，这些不当行为主要包含：修缮材料、工艺选取不当；修缮程序不当；干预程度的定位不当。以上这三点需要从业人员尤为关注。

（1）修缮材料、工艺选取不当

首先，修缮材料、工艺必须通过严格检测及样本试验才能应用于历史建筑中。修缮材料、工艺选取不当会对历史建筑造成破坏，如早期工程对石材外墙采用酸性清洗剂清洗，或清洗后残留清洗剂溶液，导致墙面与清洗剂发生化学反应，造成墙面损坏；又如采用

---

① 真石漆是指合成树脂乳液砂壁状建筑涂料。

水泥砂浆勾缝，其盐分析出导致原外墙出现返碱白华等现象。图2-34列出了因修缮材料、工艺选取不当造成的常见病害类型及形成原因。

返碱

形成原因：外墙面材料吸水率过高和胶粘剂中水泥的含碱量过大。

剥落、缺损

形成原因：砂浆铺设厚度不够，与面层结合力较差；或人为破坏。

图2-34 修缮材料、工艺选取不当——常见病害类型及形成原因

（2）修缮程序不当

其次，除了材料、工艺的标准化，施工过程中操作程序的规范化是历史建筑外墙效果还原的关键性质量保障。需要警惕的是，施工程序往往是灵活且容易忽视的地方，如果修缮程序或操作不当，不但达不到修缮的预期效果，反而会导致进一步的破坏。图2-35列出了因修缮程序不当造成的常见病害类型及形成原因。

污水、灰尘污染

形成原因：施工污水及灰尘流挂墙面。

油漆污染

形成原因：外墙施工中不小心洒落、残留。

图 2-35 修缮程序不当——常见病害类型及形成原因

（3）干预程度的定位不当

　　最后是从业者最容易忽视的一点——修缮前的干预程度调研分析。在进行历史建筑保护修缮实施之前，务必需要科学、合理地确定干预程度，这是对历史建筑外墙保护修缮的全局定位，直接决定了外墙修缮质量和整体工程量。由于外墙从保养维护到修缮加固之间存在着不同的干预程度，干预程度的错误判断不但会造成修缮成本的浪费，更会造成历史建筑外墙不必要的破坏。因此，在工程开始前进行外墙损坏程度检测、干预程度分析极其重要。图2-36列出了因干预程度的定位不当造成的常见病害类型及形成原因。

墙面不良修补

形成原因：后期干预不当产生。

图 2-36 干预程度的定位不当——常见病害类型及形成原因

综上所述，历史建筑外墙饰面病害主要由自然因素和人为因素产生。不同外墙饰面因其材质、性能不同常见病害也不尽相同，具体如表 2-1 所示：

不同外墙饰面常见病害类型　　　　　　　表 2-1

病害类型	饰面类型	清水砖墙	抹灰饰面	石碴抹灰	面砖饰面	石材（石板）饰面
自然侵蚀	植被、苔藓覆盖	●	●	●	●	
	顽固污渍		●			
	空鼓、起壳	●	●	●	●	●
	风化	●	●	●		
	裂缝	●	●		●	●
人为损坏	孔洞	●	●	●	●	●
	附加铁件	●	●	●	●	●
	铁锈污染	●	●	●	●	●

病害类型	饰面类型	清水砖墙	抹灰饰面	石碴抹灰	面砖饰面	石材（石板）饰面
人为损坏	电线、管道零乱	●	●	●	●	●
	后期装修面层覆盖原有墙面	●	●			
	返碱	●	●	●		
	剥落、缺损				●	●
	污水、灰尘污染	●	●	●	●	●
	涂鸦、油漆污染	●	●	●	●	●
	墙面不良修补	●	●	●	●	●

2.4 历史建筑外墙饰面的清理

历史建筑在其建成之后，就不断受到阳光、雨水、冰雪等自然因素的侵蚀，同时在使用过程中，一些改造也会改变外墙饰面的原有面貌。这些历史的痕迹形成了多种类型的外墙污染。

外墙污染所影响的不仅是建筑物的外观效果。在修复过程中，外墙的清理也能帮助修复者准确定位病害的位置和情况。此外，一些病害如不清理也会长久地影响外墙的后期效果。

外墙清理是修缮的最先步骤。用饮用水、低浓度溶液、清洗剂、去油漆剂等材料对历史建筑外墙进行清洗，以达到安全、环保、还历史建筑原貌的清理要求。常见表面遮盖及污染类型及对应修缮措施见表2-2。

常见表面遮盖及污染类型及对应修缮措施　　　　　　　　　　　　　　　表 2-2

序号	污染类型	修缮方式
1	植被、苔藓覆盖	采用杀藻除霉剂配合高温蒸汽机清洗表面
2	附加铁件	采用液压钳拔出、钻孔取出等方式，后根据外墙饰面材料镶嵌、补洞
3	铁锈污染	采用除锈剂敷的方式除锈，然后使用高温蒸汽机清洗

序号	污染类型	修缮方式
4	污水、灰尘污染	采用高温蒸汽机或低压水枪（需注意水枪和墙面的角度，一般为45°左右；水柱的形式为螺旋形）配合清洗工具清洗，对顽固污渍采用去垢剂清洗
5	油漆污染	采用高效去油漆剂与敷料混合后敷在表面，后采用高温蒸汽清洗机配合清洗
6	顽固污渍	采用专用试剂敷贴溶解清洗
7	涂鸦污染	清水冲洗，局部涂鸦需用清洁剂、油漆污染用除漆剂或相应的化学手段清除
8	电线、管道安装零乱	对置露、悬挂在外的电线、管道，重新布置，尽量采取隐蔽方式处理
9	后期装修面层覆盖原有墙面	剔除异物按照历史痕迹逐步还原

根据表2-2中的方式，对外墙进行清洁工作，排查清理每种不同的污垢。以此为基础，才能保证饰面维修和防潮层修缮工作的有效性。外墙饰面的清洗工作，可参见3.3.2节的相关内容。

2.5 历史建筑防潮层的修缮

无论是传统建筑还是历史建筑，均有符合其时代特征的防潮措施。这些措施虽然在建筑最外部表皮以下的部分，但也能够影响到表皮的保护。这些防潮层是为了防止地面以下土壤中的水分进入砖墙而设置的材料层。一般在距室外地面50～150mm的高度设置具有防水阻隔作用的水平片层，当建筑底层室内地面出现高差，或室内地面低于室外地面时，还需设置垂直防潮层（图2-37、图2-38）。防潮层常用的材料有油毛毡或沥青，亦有在水泥砂浆中掺入防水浆的。在一些较高等级的建筑中也有采用石材等其他材料，设置防潮层可保持墙体的干燥，增强建筑物的使用价值及耐久性。

2.5.1 防潮层损坏及其危害

历史建筑建造时设置的防潮层（除采用石材的外），绝大部分都因老化等原因而失效，使得建筑底层墙体下部的潮湿现象十分严重。不仅因墙体返碱、酥化等问题带来结构性隐患，还会因墙体潮湿造成底层室内装饰霉变朽烂，妨碍使用功能，外侧的返碱等现象还直接影响清水砖外墙的美观。因此在历史建筑修缮中必须将防潮层的修复作为主要的修缮内容。

2.5.2 传统施工方法

2.5.2.1 水平防潮层

在防潮层部位先抹 20mm 厚的砂浆找平层，然后干铺油毡一层或用热沥青粘贴一毡二油。油毡宽度同墙厚，沿长度铺设，搭接长度 200mm。油毡防潮层具有一定的韧性、延伸性和良好的防潮性能，但日久易老化失效，同时由于油毡层降低了上下砖砌体之间的黏结力，从而减弱了砖墙的抗震能力。（图 2-37）

2.5.2.2 垂直防潮层

当建筑底层室内地面出现高差，或室内地面低于室外地面时，需设置垂直防潮层。具体做法是：在位于两道水平防潮层之间的垂直墙面，先用水泥砂浆抹灰，再刷冷底子油一道，热沥青两道（或采用防水砂浆抹灰处理）；而在低地面一侧的墙面上，则以水泥砂浆打底抹灰。（图 2-38）

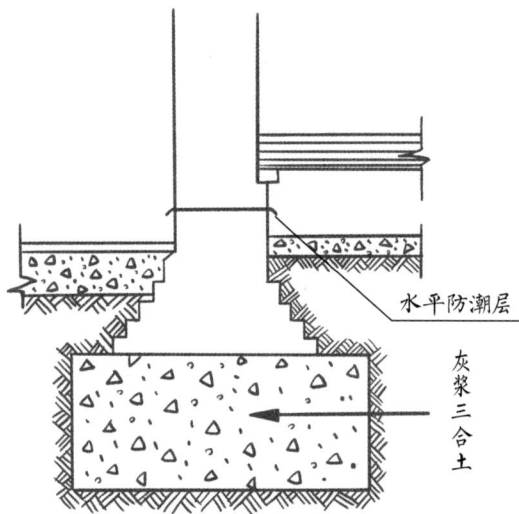

图 2-37 水平防潮层示意图

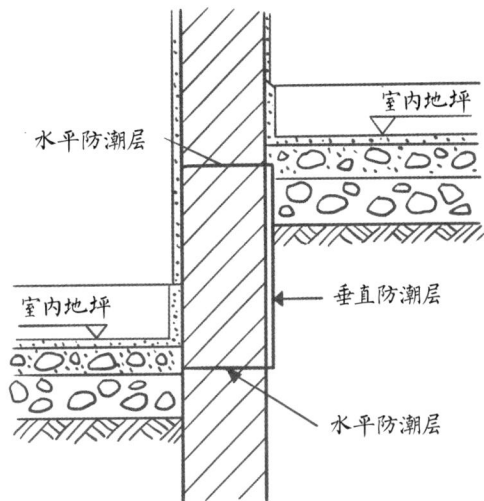

图 2-38 垂直防潮层示意图

2.5.3 修缮方法

常见防潮层的修复方法有置换法、切割法和化学注射法等，具体修缮方法如下：

2.5.3.1 置换法

置换法修复防潮层，即将基础墙体砖墙分段拆除，并新设钢筋混凝土地圈梁。施工过程包括施工段划分（对于规模较小的也可不分段，采用一次性浇筑成形）、基础墙体拆砖、钢板凳支撑、钢筋制作安装、混凝土浇筑、拆模等。

地圈梁施工时需由勘测单位对房屋的结构做好详细的勘测，查明房屋结构是否存在安全隐患，房屋的倾斜率是否超过同类建筑结构倾斜的限值（1%）。施工过程及施工后须对房屋同步做好安全监测。在施工前应进行现场查勘，确定现场状况并进行清理，卸除墙体荷载。

2.5.3.2 切割法

切割法防潮层修缮工艺，即在砌体中安装机械水平防潮层（波纹钢板或塑料防潮板），以防止毛细管作用所致的潮气上升。切割法主要涉及两个阶段的流程，第一阶段是砌体的分离，第二阶段是铺入防潮层然后填补接缝。砌体分离通过使用砖石线锯或金刚石线锯的干砌或浆砌切割工艺完成。切割后清洁切缝，并在必要时进行修平，以确保防潮层可全表面平放。最后铺入防潮层，并在残余接缝接合处填充合适的砂浆。

上海市在 20 世纪 80 年代应用切割法修复防潮层并进行了试点。主要工艺做法是在底层室内地坪上约 10cm 高度,将砖墙水平切割出一条贯穿缝,然后在缝内填嵌防水材料(如红泥塑料防潮板),形成一道新的墙体防潮层,再将潮湿的墙体粉刷铲除重做。主要的施工操作程序包括:钻孔、弹线;安装调平板;切割;嵌入防潮板;修补粉刷切割缝处。

2.5.3.3 化学注射法

化学注射法是将墙体打孔,采用自然渗透或者加压的方式注射防水试剂,防水剂进入砌筑砂浆和砖块后使钻孔周围的砂浆和砖体的毛细系数降低,在孔的周围形成防水带,防止潮气上升,从而降低潮湿,如图 2-39 所示。采用的注射防水材料从物理状态上可分为防水膏、防水液、防水凝胶等。

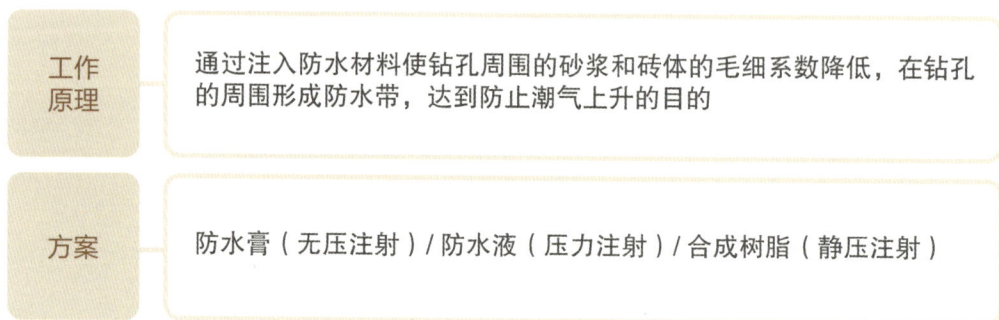

工作原理	通过注入防水材料使钻孔周围的砂浆和砖体的毛细系数降低,在钻孔的周围形成防水带,达到防止潮气上升的目的
方案	防水膏(无压注射)/ 防水液(压力注射)/ 合成树脂(静压注射)

图 2-39 化学注射法修复防潮层工艺概述

化学注射法施工应避开黄梅季节及多雨潮湿季节,选择干燥季节方能进行施工。同时还需要充分考虑防水剂在墙体中形成连续的防水带。因此,钻孔的距离以 100~120mm 为佳,且施工时应注意注射的位置、高度、角度等。另外,还应注意墙体的厚度,根据墙体厚度决定采取单面注射还是双面注射。

此外,对于有保护要求的历史建筑或文物建筑,采用注射法施工时,还需注意施工部位是否存在重点保护内容(如室外勒脚、室内踢脚板、护墙板等)。

通过修缮前对外墙饰面检测、查勘、病害分析等准备工作的成果,工作者可以充分掌握历史建筑外墙饰面材料历史信息、墙面损坏原因,以及建筑外墙完损的状况等信息。这为选择"最小干预"、取得"最好的修缮效果"的历史建筑修缮方式奠定了坚实基础。

第 3 章

清水砖外墙保护修缮工艺

03

　　砖，作为建筑材料使用古已有之。早在周朝就出现过有关于砖的记载，人们常常用"秦砖汉瓦"来形容历史的悠久；在上海，砖在建筑上的使用，同样也有非常久远的历史。在开埠以前，以使用青砖居多；开埠之后，红砖作为进口建筑材料，慢慢进入以上海为代表的近代大城市。当时，地产业蓬勃发展、如日中天，为弥补建筑材料的供不应求，上海还诞生了一批本地砖厂，如上海最早成立的浦东机制砖瓦厂、瑞和砖瓦厂等，也大量吸收周边地区生产的砖料。可以说无论是在传统社会中还是近现代，砖，一直是上海建筑外墙的重要材料，也是历史建筑保护修缮工作的重点之一。

　　清水砖外墙是历史建筑立面的重要形式和典型特征，清水砖墙在色彩搭配、拼花图案、线脚制作和灰缝处理上具有典型性。本节从清水砖的来源及分类出发，结合清水砖外墙的常见类型及工艺特点，详细阐述了清水砖外墙及其特色构件的修缮工艺。

3.1 常见类型和工艺特点

传统清水砖外墙面采用整砖砌筑的方式，其排列方式呈现多样化，在门框的边柱、横梁、山花边框、门窗楣、门窗套、拱券、门洞等部位多采用特殊加工的异形砖砌筑形成装饰线脚；采用不同色彩的砖块排列形成水平线条和几何图形；采用砖雕的形式在山墙山尖、砖柱顶部、挑檐口、拱心石等部位形成特殊的装饰；通过砖面的凹凸变化，如顶砖外伸、挑檐、叠涩、垂饰、窗下墙、腰线、出线，墙面每隔数皮收进一皮等形成较为丰富的艺术效果。同时传统工艺在清水砖的选材上，对规格、砖表面情况要求较严格，砌筑砂浆的选择呈现多样性。

3.1.1 清水砖规格

在上海历史建筑中较为常见的为长度9.5英寸（1英寸=25.4mm，9.5英寸=241.3mm）的砖，俗称"九五砖"，比其略小为"八五砖"，即长度8.5英寸（215.9mm），后改为公制取整，"九五砖"尺寸取240mm×115mm×53mm，"八五砖"尺寸取216mm×105mm×43mm，这两种砖的尺寸使用较多，沿用至当代。但在近代早期建造的建筑里，其砖块尺寸会比较特殊，如上海圣三一教堂的基本砖型就是240mm×115mm×70mm，而在砖拱等部位的异形砖则是240mm×115mm×70mm、100mm×115mm×70mm、200mm×115mm×40mm等尺寸。砖墙厚度通常以砖长的倍数表示，如半砖、一砖、一砖半、两砖、两砖半……砌筑时，根据组砌规则的需要，进行不同的砍砖、找砖等，如图3-1所示。

新标准砖　240mm　115mm　53mm

上海机制砖　234mm　114mm　54mm

上海手工制砖　222mm　108mm　44mm

砍角砖

3/4 找砖　3/4　1/4

1/2 找砖　1/2　1/2

1/2 长找砖　1/2　1/2

对砍砖　1/2　1/2

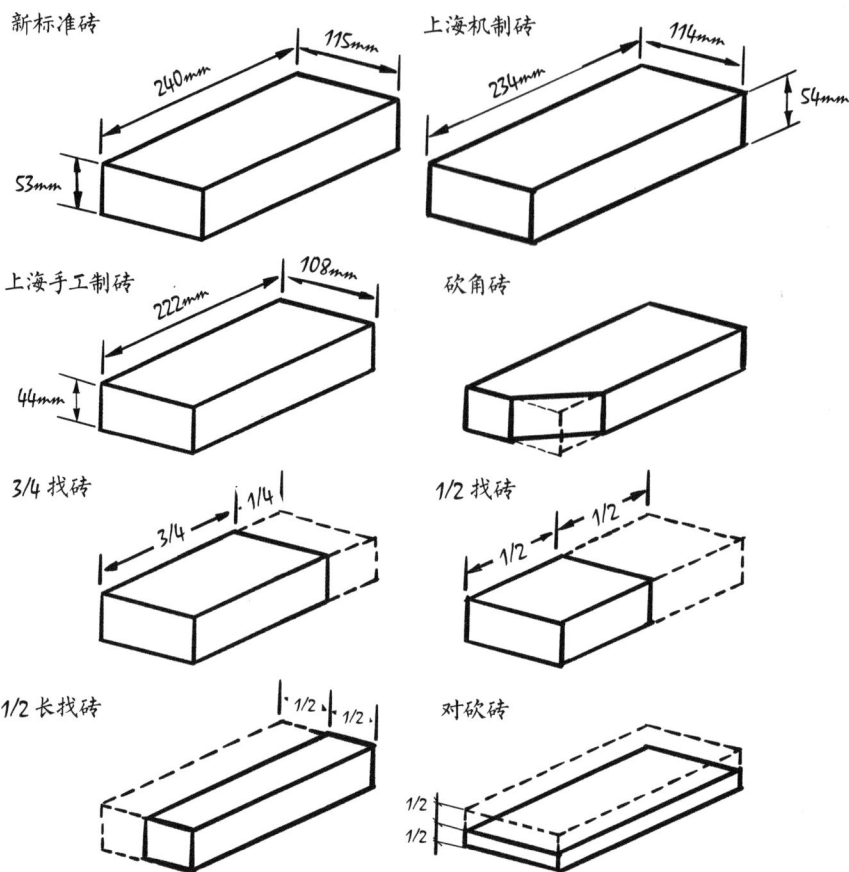

图 3-1 砖及找砖详图

3.1.2 砌筑形式

开埠初期，红砖的来源仅少量由本地生产，主要依靠进口。同时红砖又作为新进舶来品受到社会追捧，价格高于青砖。在此双重因素影响下，部分建筑外墙采用了青红砖混砌的方式。常见的混砌方式是以青砖砌筑为主，红砖妆点水平腰线、窗套、壁柱、檐口等部位，以红砖为"点睛之笔"来作为装饰；另一类则仅在外墙最外一皮采用红砖，而墙体内部、室内隔墙等由青砖砌筑，即采取了红砖"面子"和青砖"里子"的"表里不一"方式，由此也可见当时红砖得到了超越青砖的追捧和礼遇。

早期的红砖，主要为手工制作，同一规格尺寸不完全相同，而清水砖墙对砖尺寸的要求极高。因此，在早期清水砖墙的砌筑前，往往需要对砖进行"磨和砍"的加工，保证砖块规格尺寸一致，达到清水墙面美观的效果。后期随着砖厂的建立，机制红砖可批量生产，红砖的规格尺寸较为统一，清水墙砌筑前不再需要对砖进行"磨和砍"加工。因此磨砖的工序在现代清水砖墙砌筑时很少出现。值得注意的是在早期清水墙的砌筑过程中，"磨和砍"的工序主要是对最外层砖块的"不见光面"进行，不得破坏砖的外表面，以保证墙面耐久性和规整划一的效果。

3.1.2.1 组砌方式

从墙面砌筑的立面效果看，上海历史建筑的清水砖墙常见的组砌方式有：英国式（一顺一丁）（图3-2）、哥特式（梅花丁）（图3-3）、荷兰式（图3-4）、顺砖式（图3-5）、丁砖式（图3-6）等。

图 3-2 英国式砌法

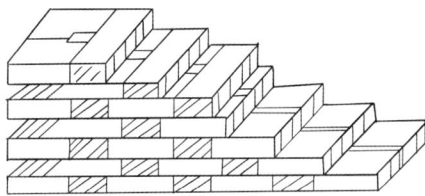

图 3-3 哥特式砌法

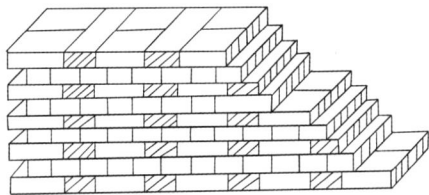

图 3-4 荷兰式砌法

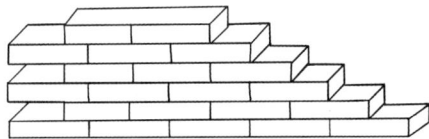

图 3-5 顺砖式砌法

图 3-6 丁砖式砌法

除规整的墙面砌筑外，清水砖建筑也通过带有线脚的砖块实现装饰效果，常见的装饰部位有墙身腰线、窗套、檐口等。这些装饰砖多由专业技师砍砖、打磨制作，复杂线脚则采用铁刨刨出线脚后再进行砌筑，具体案例见杨树浦路英商怡和纱厂的外墙砖线脚（图3-7）。

图 3-7 杨树浦路英商怡和纱厂清水砖外墙砖线脚（1893 年）

3.1.2.2 砌筑方法

清水墙的砌法较为讲究，需要经过严格的计算和设计。首先，需要选择规格尺寸合适的砖，这些砖自身应该具有一定的硬度和密度，以保证墙体的坚固和耐久。其次，需将砖块按照一定的"组砌方式"进行砌筑，按照"组砌方式"要求的比例和间距进行排列。砖墙常见的主要叠砌方法和类型，见图 3-8。

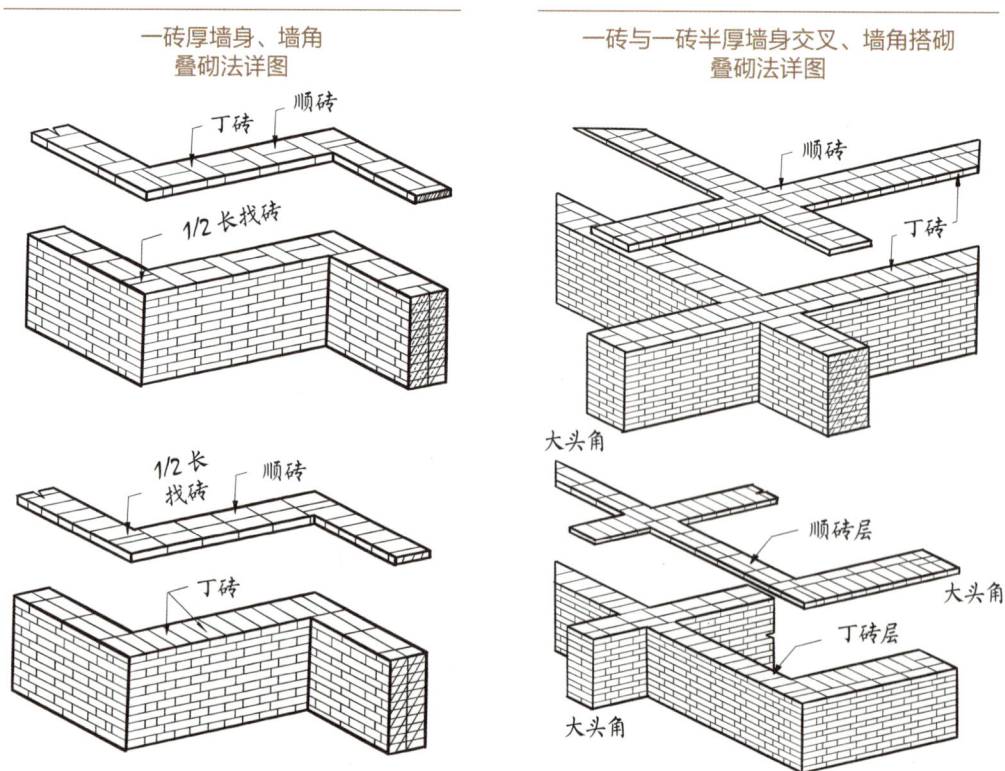

一砖厚墙身、墙角
叠砌法详图

丁砖　顺砖

1/2 长找砖

1/2 长找砖　顺砖

丁砖

一砖与一砖半厚墙身交叉、墙角搭砌
叠砌法详图

顺砖

丁砖

大头角

顺砖层

大头角

丁砖层

大头角

图 3-8 砖墙叠砌详图

一砖半厚墙身、墙角叠砌法详图

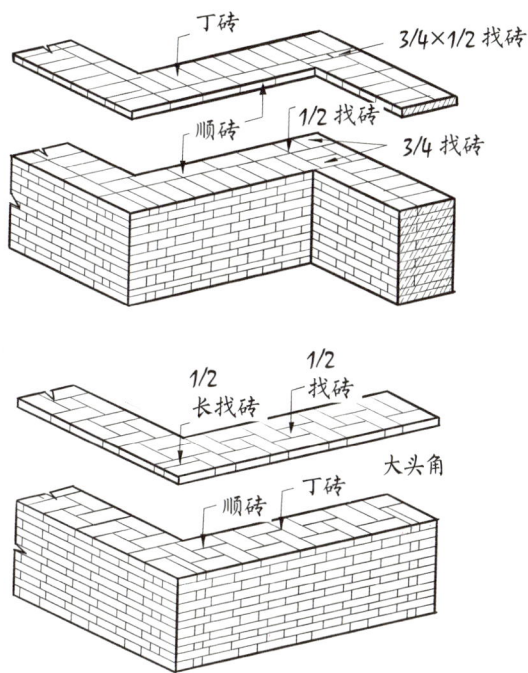

丁砖

3/4×1/2 找砖

1/2 找砖

3/4 找砖

顺砖

1/2 长找砖

1/2 找砖

大头角

顺砖

丁砖

一砖、一砖半、与二砖厚墙身交叉砌叠砌法详图

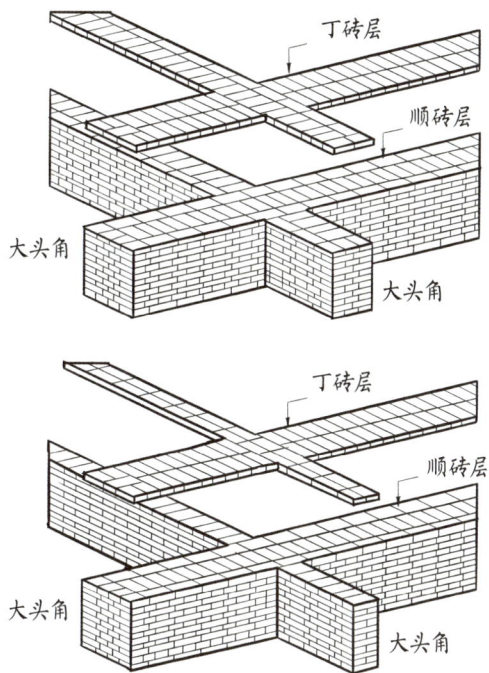

丁砖层

顺砖层

大头角

大头角

丁砖层

顺砖层

大头角

大头角

二砖厚大头角、二砖与一砖半厚墙身丁字砌叠砌法详图

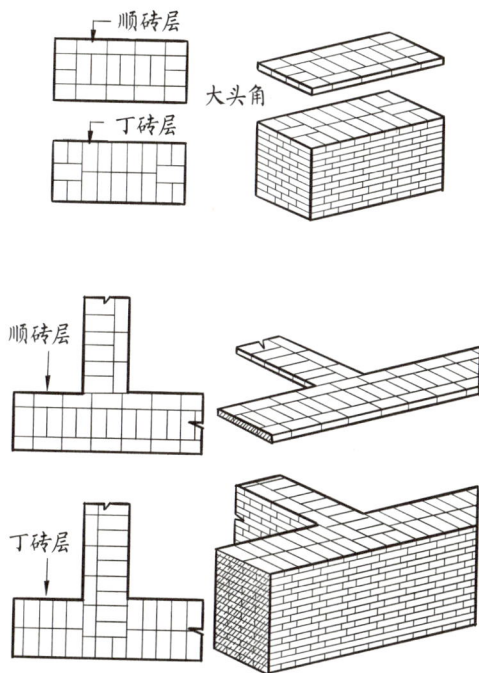

顺砖层

大头角

丁砖层

顺砖层

丁砖层

二砖厚墙角叠砌法详图

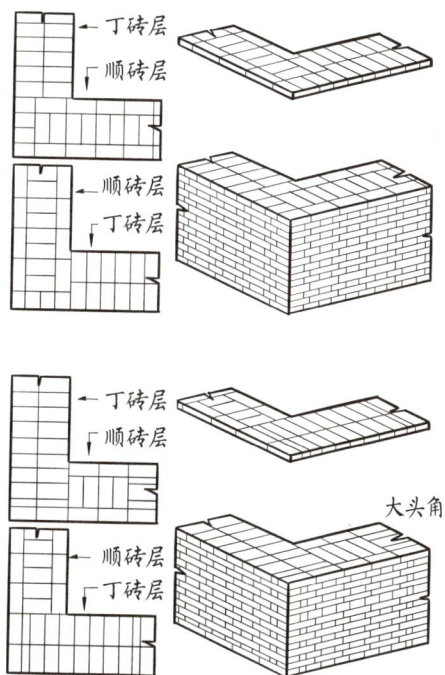

丁砖层

顺砖层

顺砖层

丁砖层

丁砖层

顺砖层

顺砖层

丁砖层

大头角

图 3-8 砖墙叠砌详图（续）

3.1.3 常见勾缝类型

勾缝形式的变化，也是清水砖外墙表达不同风格差异性的方式。常见的勾缝形式有圆凹缝、平凹缝、凸圆缝（元宝缝）、斜凹缝等（图3-9），可从1936年的《建筑月刊》中刊登的部分"常见砖墙勾缝形式"中管窥当时勾缝形式的多样。各类形式不同的勾缝，有其相配套的勾缝工具。勾缝材料以石灰混合物为主，混合物中可掺加桐油，增强嵌缝材料的致密性，兼具有很好的防水功能。由于清水墙的灰缝易酥松剥落，不易保存，加上以往不太合适的修缮方式，清水墙原状勾缝保留至今的较少（图3-10、图3-11）。

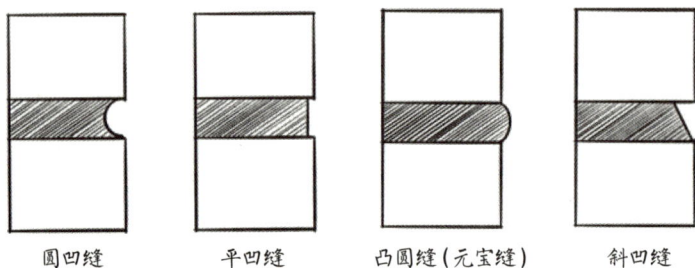

圆凹缝　　平凹缝　　凸圆缝（元宝缝）　　斜凹缝

图 3-9 上海地区常见清水墙勾缝形式

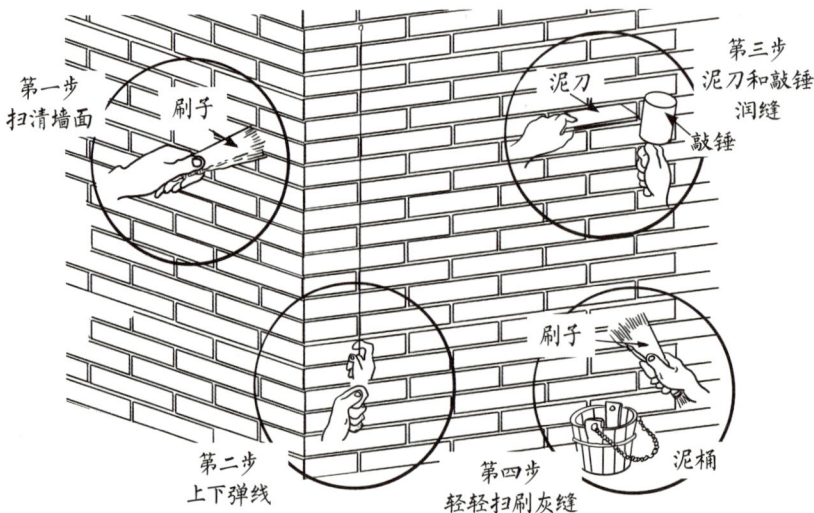

第一步 扫清墙面　　刷子　　泥刀　　第三步 泥刀和敲锤润缝　　敲锤

第二步 上下弹线　　第四步 轻轻扫刷灰缝　　刷子　　泥桶

图 3-10 嵌灰缝操作一

第五步
用色水和纸筋灰调成砂浆修补砖头缺角

先补后嵌

长圆托

第六步
持长圆托用灰浆来嵌长缝由左至右进行

第七步
持短圆托用灰浆来嵌短缝由上而下进行

短圆托

泥桶

图3-11 嵌灰缝操作二

3.2 传统施工工艺

3.2.1 传统工艺流程

　　清水墙砌砖的主要传统工艺流程为：抄平、放线→立皮数杆→排砖摆底→盘角、挂线→铺灰砌砖→修缝、清理→勾缝。

3.2.2 施工要点

（1）砖应在砌筑前一天浇水湿润，不能即浇即用。

（2）同一墙面艺术形式相同的两端，同一皮砖的两端转角砖形式也应相同。

（3）如采用手工砖砌筑的清水墙，砌筑前，应对砖的不可见光面进行"砍和磨"处理，以保证砖块尺寸统一；线脚部位砖块，根据所需形式采用刨锯工具刨制而成，现代多采用"磨轮"机械结合人工的方式制成。

（4）清水墙的砌筑高度，每天不宜大于1.5m；砖砌体的施工缝应砌成斜槎，长度不小于高度的2/3。清水墙砖面，应"随砌随清"确保清水墙面干净、整洁；每天完工前，用铁皮将多余砌筑砂浆从当天砌筑的砖缝中清理掉，确保砖面至砂浆面的深度达8mm以上，以满足后续勾缝的工艺要求。

（5）纵横的墙应同时砌筑，砖块纵横交错搭接。砖砌体的灰缝应横平竖直、厚薄均匀，并应填满砂浆，其中平缝的厚度一般为 10mm，不应小于 8mm，凸圆缝的厚度为 5~6mm。

（6）清水墙砌体的组砌，还应满足下列要求：

① 砌体内、外砖（包括砂浆）厚度相同时，每皮砖均应有内、外搭接措施。

② 砌体内、外砖（包括砂浆）厚度不同时，平均每 3 皮砖应找平一次并应有内外搭接措施。

③ 外皮砖遇丁砖时，应使用整砖；与其相搭接的里皮砖的长度应大于半砖。

④ 砖的砌筑应密实、平整，逐层进行；不得用纯灰浆填充，也不得采用"只放砖不铺灰或先放砖后灌浆"的操作方法。

⑤ 柱子相接的地方，应根据实际差距砌"砖找"；找砖应与柱子交接严密（砖找，根据实际情况砍制的打截砖料）。

⑥ 砌第一层砖之前，先检查基层平整度是否符合要求；如有偏差，应以麻刀灰抹平。

⑦ 墙体至梁底、檩底或檐口等部位时，应使顶皮砖顶实上部，严禁外实里虚。

⑧ 清水砖砌筑后，砖缝采用舂光灰和矿物质颜料进行勾缝（图 3-12）。

单手及双手各式挤浆法详图

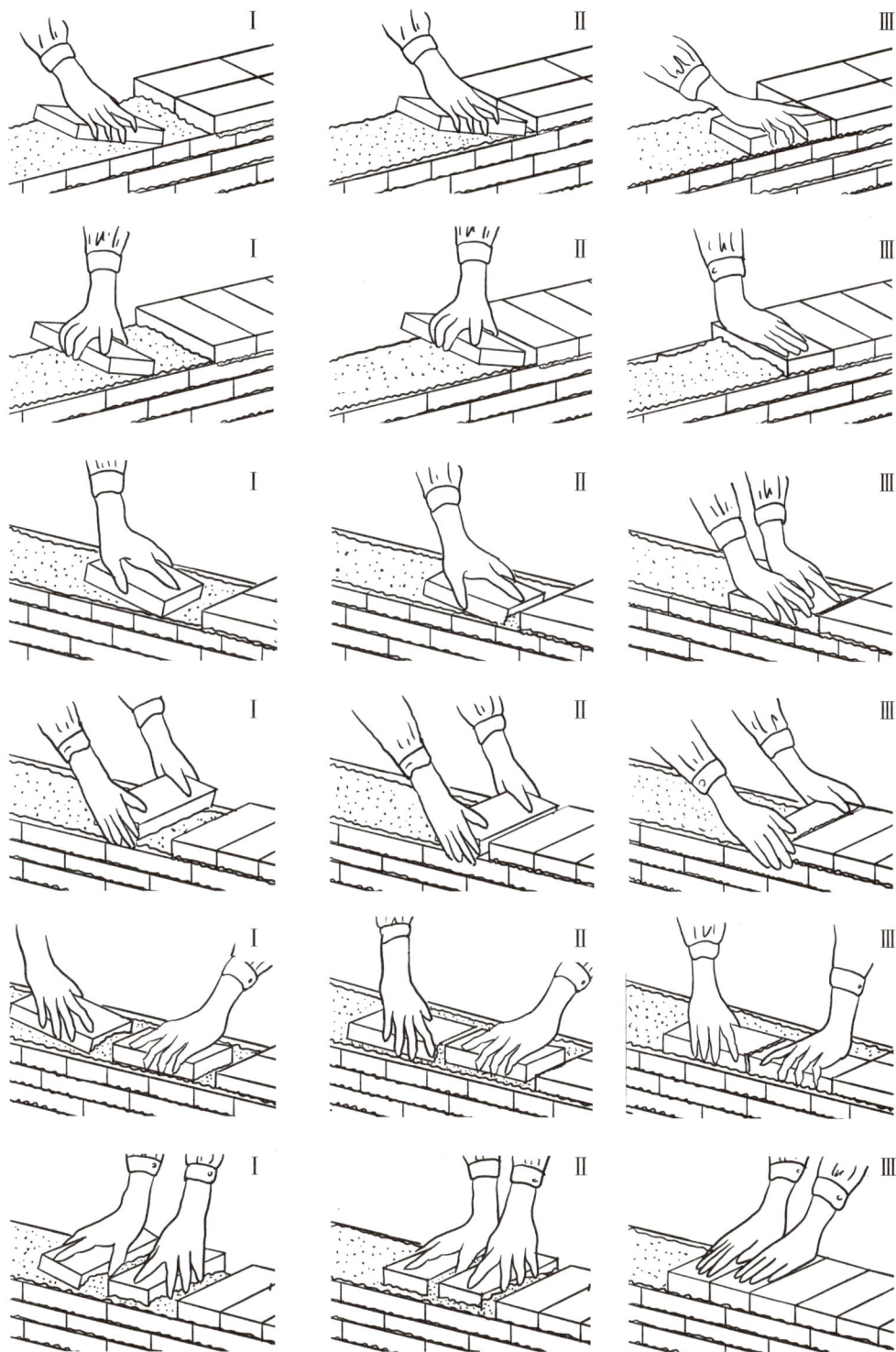

图 3-12 施工过程工艺详图

刮浆砌法及挤浆兼刮浆砌法详图

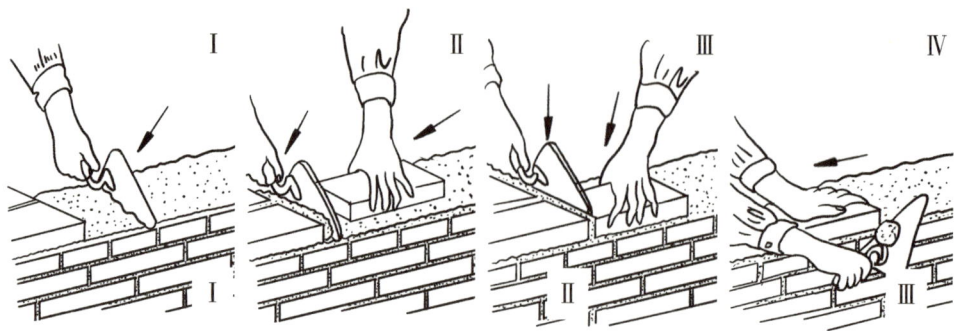

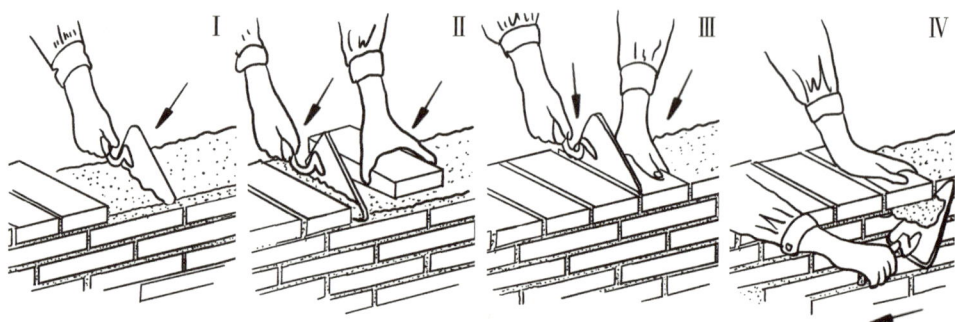

刮浆砌法

挤浆兼刮浆砌法

图 3-12 施工过程工艺详图（续）

满刀灰刮浆砌法详图

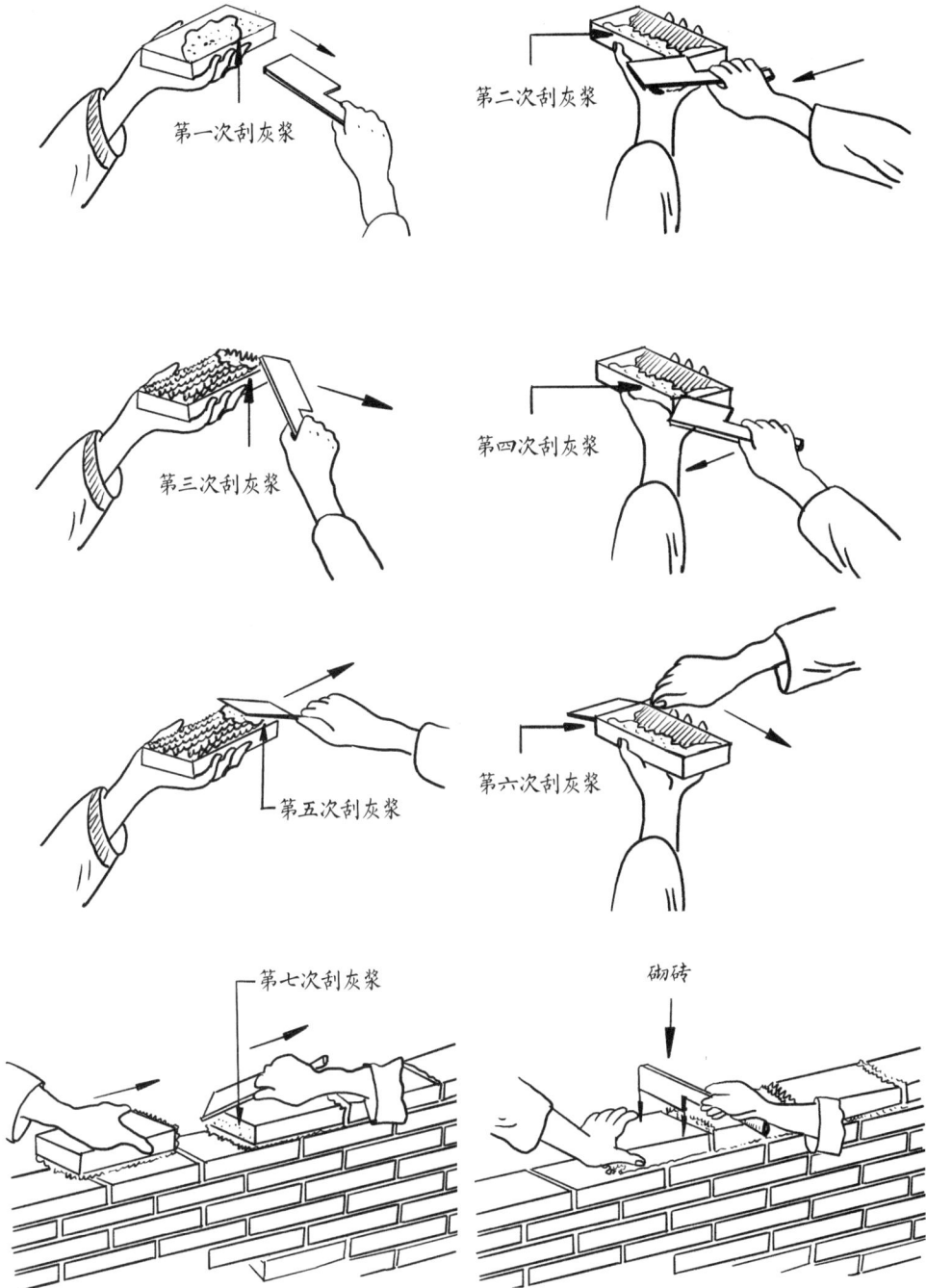

第一次刮灰浆

第二次刮灰浆

第三次刮灰浆

第四次刮灰浆

第五次刮灰浆

第六次刮灰浆

第七次刮灰浆

砌砖

图 3-12 施工过程工艺详图（续）

3.3 修缮施工工艺

3.3.1 修缮流程

对于清水砖墙面损伤，主要采用的修缮技术有"墙面清洁与增强处理、微损伤砖面修复、砖片镶贴、整砖镶砌和局部拆砌"等方法。在清水墙修缮前，应先对修缮墙面进行系统、完整的现场查勘；将墙面的状况、损坏的类型、损坏程度等，一一以图片、图纸标注等形式记录在案。根据现场查勘记录的情况，系统分析清水墙存在的劣化情况，针对墙面不同的劣化情况，制定相应的修缮方案和修复措施（图3-13）。

3.3.2 修复前表面处理

3.3.2.1 前期处理

（1）墙体附加铁件等杂物的去除

杂物外漏部分，可用"切割"的方法去除；对留在墙中的木楔、螺栓等杂物，可借助"钳子或套钻"等工具将其拔出。

（2）各类表面抹灰面（水泥砂浆、混合砂浆）的去除

拆除各类在清水墙表面外加抹灰层时，应采用"人工"的方式，小心地进行逐一凿除。人工凿除时，先用扁凿将"抹灰层"与"清水墙"的接合处慢慢剥离；待凿出作业面后，用扁凿以人工的方式沿"抹灰层"与"清水墙"的接合面，垂直向下凿除，尽量减少对原砖面的损伤，最大限度地确保"清水墙"砖面的完好性。

（3）衍生植物的清除

① 对爬山虎类植物大面积整体清除时，先切断和墙面连接处的部位，待所有连接清除后从上往下轻轻地把攀附在墙体上的爬山虎进行清除。待墙面大面积植物清理完毕后，对局部植物进行分别清理。当植物根茎生入砖墙内部时，进行凿开清除处理，控制清除凿开区域，对周围墙面进行遮盖保护，慢慢凿开墙面，清除墙体内生长的植物根部。凿除中尽量减少对墙体的破坏，清除后的墙体喷洒植物腐烂剂，抑制其在墙体内的生长。

② 墙面苔藓的清除，用铲刀将砖墙表面的苔藓轻轻铲除，待铲到原有砖墙时停止施工，用专用清除剂对苔藓留下墙面的痕迹进行处理。

③ 在一般清洗无法达到预期要求时，采用生物法和物理法（活性除污酶、碳硅刷）结合加水冲的方法清洗。

开始

查勘

修复前表面处理

砖面破损深度判断

砖面保留较好	5mm ≤ 砖面破损深度 ≤ 20mm	20mm < 砖面破损深度 ≤ 50mm	砖面破损深度 >50mm
开缝	开缝	开缝	开缝
表面处理与清洁	表面处理与清洁	表面处理与清洁	砖块镶砌
局部修补	砖体增强处理	砖体增强处理	局部修补
	砖面修补	粘贴砖片	

泛碱 — 是 → 排盐

否

勾缝

表面憎水处理

结束

备注:
当采用"拆砌的方法"修缮时,应先根据现场情况,采取相应加固措施后进行,其余流程可参照"砖块镶砌"的修缮流程。

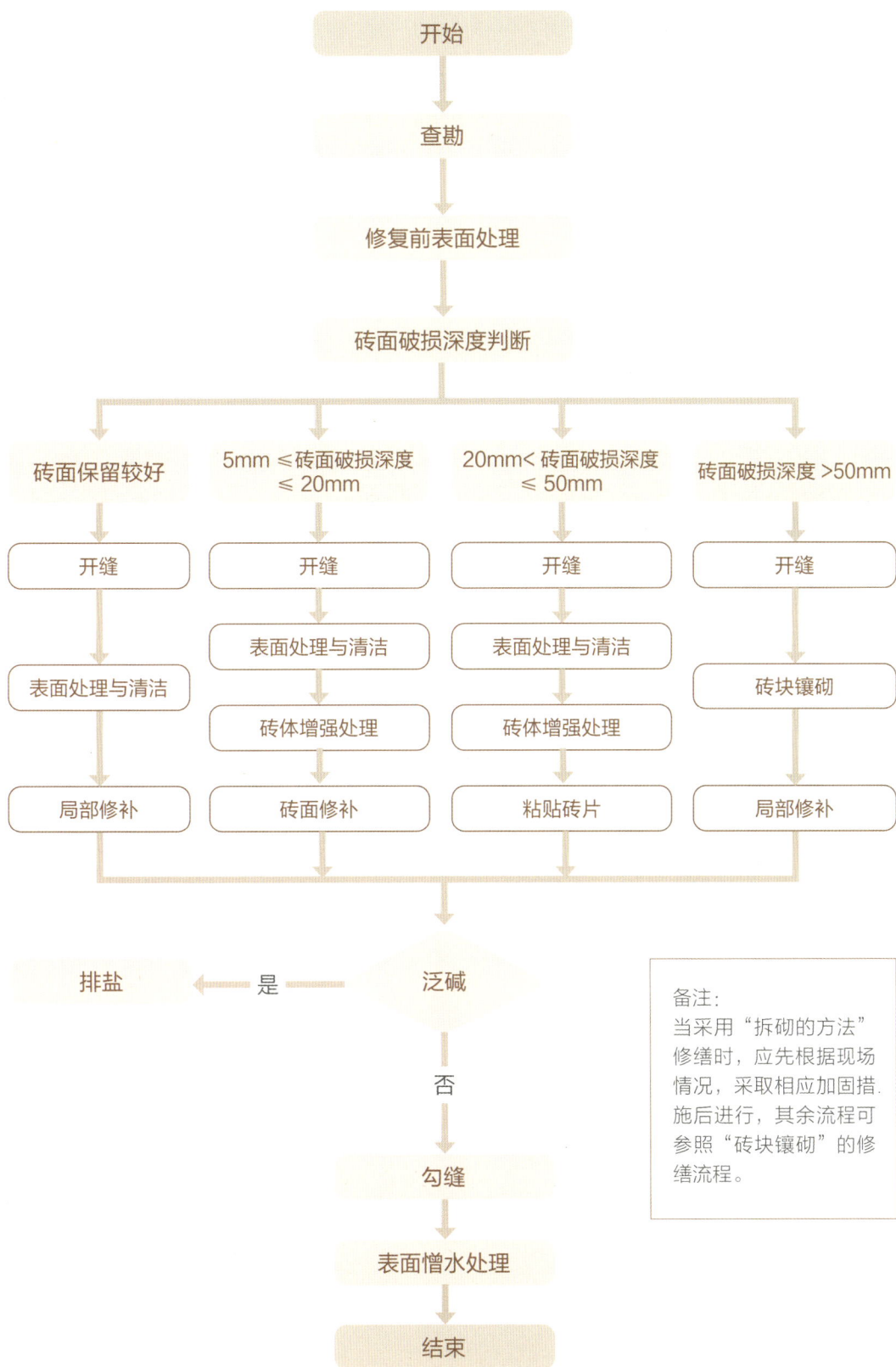

图 3-13 清水砖外墙修缮流程

④ 最后采用抗藻剂进行抗藻保护处理。特别是在容易残留水渍及常年在阴湿处的部位需要做抗藻处理。该种材料兼有防风化和抑制青苔生长的双重作用，使用后可以避免青苔等微生物生长带来的外观破坏和腐蚀作用。

3.3.2.2 外墙清洗

外墙清洗不应对建筑产生不利的影响，不应破坏保护部位的表层以及相邻区域。清洗后的墙面，应做到不泛黄、不变色、不疏松，确保墙面不渗漏。根据外墙饰面的不同特性、污垢原因、沾污程度等现状和历史建筑的保护要求，一般采取下述的方式进行清洗（图3-14）。

| 刷脱漆剂 | 水枪清洗 | 铲除墙面材料 |

图 3-14 墙面修复前表面处理

（1）物理清洗方法：使用中、低压水洗等物理方法消除病症。

① 低压喷水，水流缓和，容易控制，适用于去除表面的非黏性脏物。

② 中压喷水，具有高效廉价的特点，适用于去除表面的胶、硬垢等的黏性脏物；但强大压力易造成砖石的边角损坏，不适用于花式构件。

（2）化学清洗方法：即通过化学药物与饰面病症发生化学反应从而消除病症。

化学清洗是外墙清洗中较简单、易操作、效果明显的方法。也是使用最多的方法，但也是最难控制和掌握的方法，稍有不慎就会造成饰面的永久性损坏。化学清洗均需通过现场试验确定具体方法。清洗用化学洗涤剂建议采用中性洗涤剂；检验对墙面无腐蚀污染作用；清洗后墙面需检测清洗剂残留量，并应符合有关标准规定。

① 用微酸性洗涤剂清洗，适合局部碱性污染。

② 用微碱性洗涤剂清洗，适合局部酸性污染。

③ 用中性洗涤剂清洗，适合一般污染。

④ 用溶剂型化学清洗，使用化学品如：酒精、甲苯、二甲苯、丙酮、硝基溶剂、除漆剂等，适用于油脂、油斑污染。清除油渍比一般洗涤剂效果好，但有毒有害气体会挥发，应注意防护，不宜大面积在工程中使用，可小范围少量使用。

（3）对轻度污染的清洗方法

对于浮灰等轻度污染，采用"碳硅尼龙刷 + 清水冲洗"的方法清洗。

（4）对顽固污渍的清洗方法

对于压顶砖、砖拱、砖线脚、檐口下端等墙体上的雨水流挂及顽固污垢，采用专用试剂敷贴溶解。敷贴剂对污垢的作用时间，可以根据污垢的顽固程度而定。一般以6h为准，也可以增加或减少时间，或增减清洗试剂的含量和加入5%的表面活性剂。清洗完成后，用清水冲洗干净。

（5）覆贴清洗方法

覆贴法是利用纤维、粉末或胶体等吸附材料将清洗剂润湿贴敷在表面，为了保湿和延长作用时间，通常还需要用塑料薄膜覆盖。

（6）涂鸦污染的清洗方法

涂鸦主要是广告及电话号码，通常其主要材料为丙烯颜料，具有较强的渗透性和附着力。清洗时，将清洁剂涂在涂鸦上，涂抹均匀并产生作用约20min，清洁剂必须均匀、反复涂抹，最后用小型蒸汽机冲洗被溶解的涂鸦污物和清洁剂。清洁剂的黏度很低，因此可以防止清洁剂和被溶解的涂鸦污物被材料本身再次吸收。对于具有渗透性的涂鸦，用敷贴法将清洗剂敷在涂鸦表面，后用高温蒸汽机清洗，直至表面涂鸦清洗干净为止。

（7）涂层的清洗方法

一般采用射流清洗机，具体压力值视现场实际情况调节，自上而下进行旋流冲洗剥离。通过外力使涂层疏软、粉化，并最终脱离建筑物的外墙。对未粉化的涂层可用硬猪鬃毛刷除加水冲的方法进行清洗。注意要点如下：

① 先小面积试样，再大面积施工；

② 若有无法清洗的部位，采用脱漆剂对外墙涂层进行脱漆处理；

③ 对污染严重的部位进行多次清洗。

（8）油漆污染的清洗方法

由于油漆附着力强，成膜后有韧性，耐候性、耐酸碱性都比较强，特别是渗透到清水墙内部后，清洗非常困难。采用高效去油漆剂与敷料混合后敷在清水墙表面，促进去油漆剂中的活性成分与漆膜发生乳化作用。后采用高温蒸汽清洗机配合清洗工具进行清洗，最后再用干净水清洗。

（9）锈斑的清洗方法

锈斑的处理方法主要是采用除锈剂来进行处理，作用依靠还原和稳定铁离子，基本步骤为：

① 将三价铁离子还原为二价铁离子：因为铁锈多以三价铁离子的固体状态存在，将其还原为可溶性的二价铁离子，二价铁离子基本是无色状态；

② 稳定二价铁离子：使用稳定剂，以防止逆反应的发生，减少日后饰面微孔内残留物再次锈出的可能性；

③ 吸走二价铁离子：使用覆贴法或其他清除措施使还原后的铁离子和药水残液脱离饰面表层。

用排笔将除锈剂均匀地涂刷于铁锈污染处，使其充分反应。对锈蚀较严重的地方，用干净的敷料配合除锈剂覆盖在上面，延长反应时间。必要时需作两次或多次处理。表面经处理后用清水清洗一遍并涂刷抑锈剂，以预防锈斑的再次发生，起到长久保护的作用。

3.3.3 修缮工艺

3.3.3.1 修缮方法

（1）墙面轻度损坏缺损、表面风化深度小于 5mm 的，宜清洗后，作表面增强处理；

（2）墙面破损或风化深度为 5~20mm 的，可采用同色石灰类胶凝材料或砖粉，进行表面修补；

（3）墙面严重缺损或风化深度大于 20mm 的，小于 50mm 的，宜采用相同模数的老黏土砖加工成的砖片进行镶贴；

（4）墙面严重缺损或风化深度大于 50mm 的，宜采用相同模数的老黏土砖进行挖补、镶补甚至局部拆砌。

3.3.3.2 开缝

（1）清理砖缝，应采用人工的方式清除。清除时，应采用专用的扁钢凿，先在砖缝两侧轻凿，待松动后，用剔除工具沿砖缝方向凿除，深度不小于 8mm 或凿至原始砌筑砂浆层。

（2）清除损坏的砖缝时，不得损坏砖块。

（3）完好的砖缝，包括后期修缮的砖缝，形式和原始砖缝、质感一致时，宜尽量予以保留（图 3-15、图 3-16）。

3.3.3.3 墙面清洗

大面积施工前，应先调试做小样并由设计确认最终冲洗压力，符合清洗效果后，再进行全面施工。冲洗水枪不得对墙体产生任何的破坏 [冲洗压力拟控制在 2~3MPa(20~30kg/cm²) 左右]，使用的墙面清洗剂，对墙面无腐蚀污染作用，对人身无伤害，清洗后墙面酸、碱的残留量应符合有关标准规定。

3.3.3.4 砖面增强

风化砖面清除后，应及时除去表面灰尘，采用专用成品增强剂对砖的表面进行增强处理，使砖表面在不改变颜色和表面结构情况下，增加强度、改善材性。适用的化学药剂为硅酸乙酯类产品。常采用施工方式为：渗透喷涂或渗透浸渍（图 3-17）。

进行施工前，先用合适的清洁剂对墙面各种污渍进行清洁，然后对墙体基面进行"结构缺陷、裂缝、风化"等修复处理，风干墙体水汽及上升水汽；墙体基材干燥且具有吸

| 石灰膏灰缝 | 黄砂石灰浆灰缝 | 水泥灰缝 |

图 3-15 灰缝种类

图 3-16 对砖缝进行人工清理

图 3-17 砖面增强

收能力。修缮后的墙面，表面涂刷无色透明的专用墙面憎水剂对墙面进行憎水处理。一般需涂刷两至三遍，第一遍用软刷仔细涂刷一遍，第二（三）遍用喷壶距离墙面15~30cm处，从上至下淋涂，不得有遗漏，见图3-17。

3.3.3.5 排盐处理

清水砖外墙最易遭受不同程度的水溶盐危害，导致墙体出现返碱现象，不仅影响美观，而且砖体内的盐在结晶—溶解的过程中会导致材料的崩解、粉化（图3-18）。因此，对老墙面出现返碱现象的处理，除了要阻断水源侵入墙体，还要尽最大可能将墙体内的盐分排除掉。清水砖外墙的黏土砖中的水溶盐主要集中在表层小于20mm的范围内，同时由于温度、湿度等在表层范围内的变化最剧烈，因此，表层的盐对历史材料的危害最大，有必要采取措施排除这些盐分。

在排盐处理前要减少墙体含水量，通过减少对历史建筑表面遮盖、保持自然通风，排盐处理过程中采取避雨措施，及时完成历史建筑"防潮层"的修缮等措施控制墙体含水量。清水砖外墙排除盐分的方法有多种，一般采用替换法、电化学法、敷贴法以及返碱剂清洗法等进行排盐处理（图3-19），具体工艺如下：

（1）替换法是凿除被盐污染严重的砖、缝等，替换成新的含盐低的材料。替换法不仅有

图 3-18 清水砖外墙返碱

对历史建筑的干预过大和破坏原有墙体的问题，还有替换材料与原历史材料之间的兼容性以及会带入新的盐分的问题，所以在历史建筑修缮中不应使用。

（2）电化学法是利用水溶盐的阴、阳离子在电流作用下分别向阳极、阴极运移的原理而排除盐分。此方法的优点是对基层干扰少，但缺点是排盐效果受限制，工期长，且必须由专业公司组织施工，因此也不适合历史建筑清水墙面的排盐。

（3）敷贴法无损排盐是利用水溶盐离子毛细作用将基层中的盐分集中到可以去除的表层敷贴材料中，从而降低基层盐分的方法。适合的材料有：

排盐灰浆，由多种纤维与黏土等材料复合而成的，现场可以直接使用的浆状材料；

牺牲灰浆，以石灰为黏结剂的低强度灰浆。当盐分聚集到该层后，清除掉，达到排除盐分的效果。

两者的原理基本相同，但是牺牲灰浆反应需要的时间较长，一般为 6~12 个月。而排盐灰浆则具有工期短、施工方便等优点。

（4）返碱清洗法：施工前，先将墙面尘土、污垢清洗干净。待墙面干燥后，使用返碱清洗剂喷涂 2~3 遍，这样可以确保在一定的时间内，墙体不会出现返碱的情况。返碱清洗

敷贴法无损排盐　　　　　　　　　　清洗剂喷涂排盐

图 3-19 排盐处理

剂的使用可在墙体表面形成保护膜彻底阻断潮气和二氧化碳的进入，以确保在一定的时间内，墙体不会出现再次返碱的情况。

3.3.3.6 砖表面修补

（1）对表面损坏较轻的墙面，在人工开缝后应对砖面采用逐块修补的方法；

（2）对表面损坏严重的墙面，可对损坏的局部采用石灰类胶凝材料或砖粉等修补后，再进行修缝、修口；

（3）不得采用水泥砂浆打底后用石灰类胶凝材料或砖粉粉面的做法。

3.3.3.7 砖片镶砌

砖片或整砖黏结材料应采用石灰基黏结材料或专用黏结剂。黄砂采用中细砂，黄砂应清洗干净，含泥量不应超过 3%。过筛后，装袋保存。

砖片，应采用历史建筑上拆除下来的旧砖或其他建筑上使用的相同规格、质地、色彩的旧砖"开片"加工处理。砖片的厚度应不小于 10mm。

砖片镶贴前，先洒水湿润墙面，用低碱砂浆或专用界面剂打底，将墙面刮糙、抹平至砖片镶贴的厚度。待底层抹灰干燥后，方可进行表面砖片的镶贴。

砖片镶贴时，砖片的排列方式应与原清水墙砖的组砌方式保持一致。阳角镶贴时，应利用旧砖加工"转角砖"进行镶贴，并注意砖的"丁""顺"方向，需与原砖面保持一致。阴角镶贴时，切忌将砖片的砖缝简单留设在阴角处，而是应该按照原清水墙面组砌砖的搭接方式，一皮砖缝留在左侧墙面，另一皮砖缝留在右侧墙面（图 3-20）。

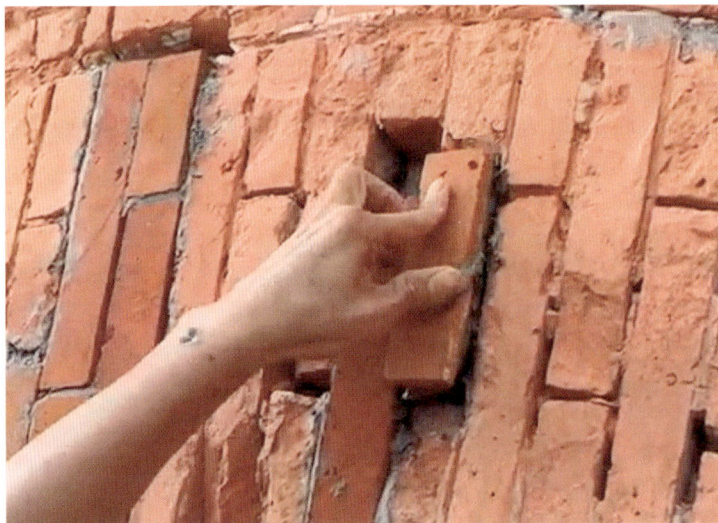

图 3-20 贴砖片

3.3.3.8 整砖镶砌

手工剔除需抽换砖块四周的灰缝，再"逐块"拆除严重损坏的砖块；清除周围杂物，将镶砌部位湿润并冲洗干净。整砖镶砌，宜选择石灰基类或低碱砌筑砂浆，砖块应采用历史建筑上拆除下来的旧砖或同规格、质地、色彩的旧砖。砌筑时，以镘刀将灰浆覆底，再砌入湿润的砖块；镶砌的整砖，需和周边的砖相匹配协调。整砖镶砌可参考传统清水墙的砌筑方式和注意事项。

整砖镶砌，应"随砌随清"保持砖面整洁。完工时，用铁皮将多余的砌筑砂浆及时从砖缝中清理干净，见图 3-21。

图 3-21 整砖镶砌

3.3.3.9 局部拆砌

对于砖砌体局部松动、开裂、错位严重、局部濒临坍塌或已出现坍塌的部分，应进行局部拆砌。局部拆砌应根据结构的实际情况，采取"卸荷""支""顶"等临时加固措施。

（1）将残损、坍塌的清水墙砖砌体"逐块"拆至完好部位，并应拆出接槎，以便新老砌体能搭接严密。所拆下的砖块，清理后留作回砌使用；并按原规格式样补配缺失的砖块，其强度等级不应低于原有清水墙砖块。

（2）植物根系侵入造成砌体裂缝、错位的，采取局部拆砌的方法彻底清除侵入墙体的植物根系，按原砌筑形式进行复原。

（3）重新砌筑时，如原结构在构造上无明显缺陷，仅为年久失修的残损，则可按原状，用原材料原工艺回砌。为了提高结构的可靠度，也可在薄弱处适当增设拉结钢筋。

（4）新砌墙体外露砖面应与原砖一致，灰缝形式也应保持一致（图3-22）。

图 3-22 局部拆砌

3.3.3.10 勾底缝

采用底缝勾缝剂，颜色与砖面相近，各类面缝的底缝形式不尽相同，如：凸圆缝底缝为勾 V 字形缝，离砖口 5mm 深左右，将搓成的圆条放进 V 字形缝里，保证缝的美观一致（图 3-23）。

画缝　　　　　　　　　　　　勾缝

图 3-23 勾底缝

3.3.3.11 勾面缝

　　清水墙常见面缝的主要形式有：圆凹缝、平凹缝、凸圆缝（元宝缝）、斜凹缝。勾面缝应该等待墙面干燥后，采用石灰基类填缝剂进行调色勾缝。填缝剂的颜色，应与原墙体砖缝保持一致；砖缝填充要密实、均匀、饱满、光洁。勾缝应按照"自上而下"的顺序进行，先勾水平缝，后勾立缝。墙面勾缝要横平竖直、深浅一致，十字缝搭接要平整、紧实，不得有虚脱、错漏现象（图 3-24~ 图 3-27）。

图 3-24 元宝缝勾缝　　　　　　　图 3-25 勾平缝

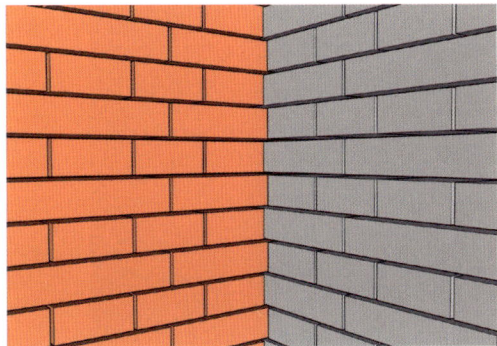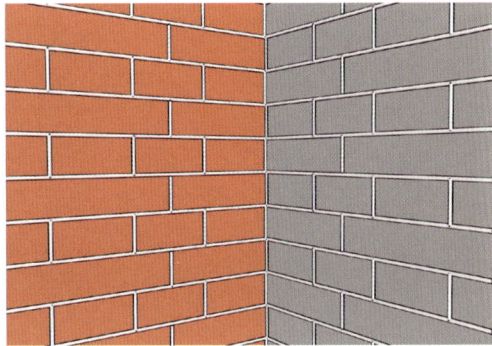

图 3-26 阴角勾缝效果

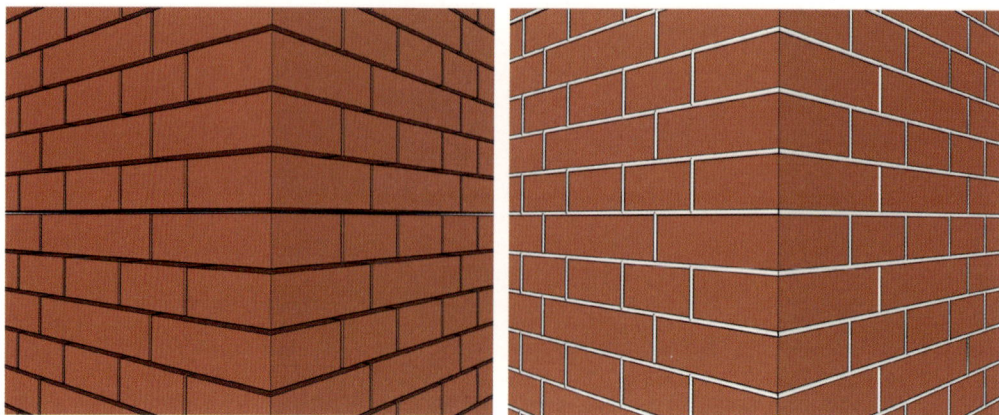

图 3-27 阳角勾缝效果

3.3.3.12 表面防渗处理

清水墙施工完成，待墙体干燥后，应进行表面防渗处理。墙体表面防渗处理，既能较好地防止雨水、露水等外部水的侵入，也能避免因吸水率不一致而导致墙面水渍的产生。

墙体表面防渗处理的憎水剂，宜选择高渗透、耐紫外线，有效成分为硅氧烷类的有机硅类产品。憎水剂处理后的墙面，应不成膜、不变色、不粘灰、不影响砖墙的透气性；墙体的毛细吸水能力应减低 80% 以上；水汽扩散能力降低不大于 50%；砖砌体的强度不变；憎水剂耐久性应在 10 年以上。

图 3-28 表面憎水保护

（1）施工前，应对墙面进行适当清洗，确保无清洁剂残留；墙面基材干燥且具有吸收能力。

（2）墙面憎水剂，一般需涂刷两至三遍，第一遍用软刷仔细涂刷一遍，第二（三）遍用喷壶在距离墙面 15~30cm 处，从上至下淋涂，不得有遗漏。

（3）施工前，应用 PE 薄膜对窗、玻璃及其他油漆表面进行覆盖保护（图 3-28）。

3.3.4 修缮效果及质量评定

（1）修缮后的清水砖墙面应整洁，色泽协调；砖面基本平整，边角顺直、完整；勾缝应自然和顺、不毛糙，交接处深浅、颜色、形式一致。

（2）修缮后的清水砖墙面，无掉粉、返碱、反光等现象（图 3-29~ 图 3-32）。

图 3-29 杨树浦路 2086 号南立面

图 3-30 梧桐院 · 邻里汇

图 3-31 木刻讲习会

图 3-32 市东中学老教学楼

3.4 特色工艺

3.4.1 特色构件

砖墙特色构件通常采用特殊加工的异形砖砌筑形成特殊装饰，主要有：

（1）与墙身相关的构件，如：彩牌（头子）、山花、山尖及压顶、马头墙、花式女儿墙、隅角、砖雕、雕花等（图 3-33~图 3-36）。

图 3-33 砖雕

图 3-34 山尖雕花

图 3-35 花式女儿墙

图 3-36 山花

（2）各类柱子，如：方柱、圆柱、多边形柱、变截面柱、鼓形柱、花饰柱，以及柱帽、柱础等（图 3-37、图 3-38）。

图 3-37 花饰柱

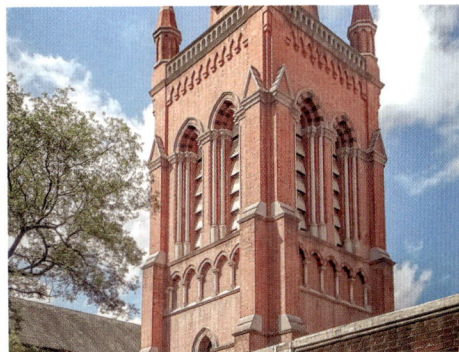
图 3-38 方柱

（3）各类墙面的腰线、檐口等，如：叠涩、排梳、冰盘檐、抽屉檐、菱角檐等（图3-39、图3-40）。

图3-39 檐口线条

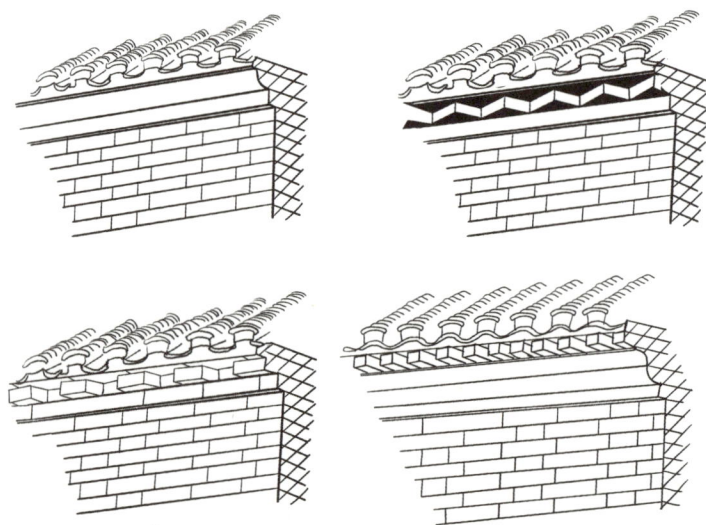

图3-40 檐口形式

（4）各类拱券结构，如：平拱（矩形、梯形、齐平式、搁置式、配筋与不配筋等）、圆拱、半圆拱、弧拱、马蹄拱、尖券等（图3-41）。

图3-41 平拱（上）和圆拱（下）

（5）各类门窗套，包括门窗洞上部山花、窗楣、门窗框边柱、窗盘、窗下墙等（图3-42）。

图3-42 门洞上部山花

3.4.2 特色构件修缮

3.4.2.1 破损的修复

清水墙特色构件的修复，一般采用石灰基类胶凝材料或砖粉进行修补，破损、缺失严重的，采用挖补的方法进行修复。

3.4.2.2 砖拱的修复

（1）砖拱表面污垢、风化、局部缺损等问题，可参照清水墙面修缮的方法。

（2）当墙体结构变形造成拱券错位、断裂时，应采用"支顶复位""灌浆"的方式进行修复。先用支撑顶起下塌和错位的拱券，进行"复位"，对断裂和错位部位的缝隙，采用低碱、无机的灌浆材料进行灌浆，待灌浆料的强度完全达到设计要求以后，拆除支撑。然后在清水墙面修缮时，同步对灌缝部位进行修复处理。当断裂和错位部位的缝隙较大时，可采用先打入铁楔，然后采用灌浆的方法。

（3）对于损坏严重的拱券，应采取拆砌的方法；当拱券已经坍塌或缺失时，应根据设计要求进行恢复。

（4）砖拱拆砌和复原施工：

① 对原始拱券进行测绘翻样。

② 根据拱券的翻样图纸，定制加工补缺或新砌拱券所需的异形砖块和砖线脚。

③ 制作和安装恢复拱券的拱架。小跨度拱券可在拱脚下端的墙体上安装临时牛腿支承拱架；大跨度拱券应搭设专门的拱架支承排架。

④ 在拱架上按设计和翻样图纸砌筑拱券，其砌筑顺序应为从两端对称同步向拱心方向砌筑，最后镶嵌拱心砖块或拱心石。（砖拱主要砌筑及修缮方式见图3-43~图3-45）

平券砌筑方向示意图

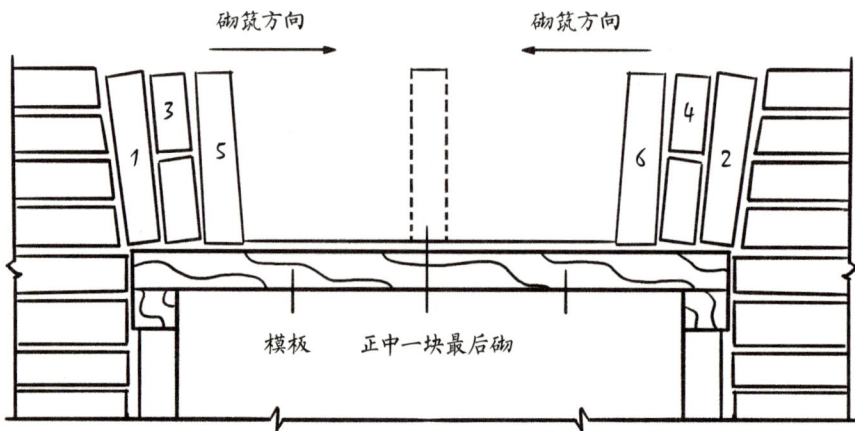

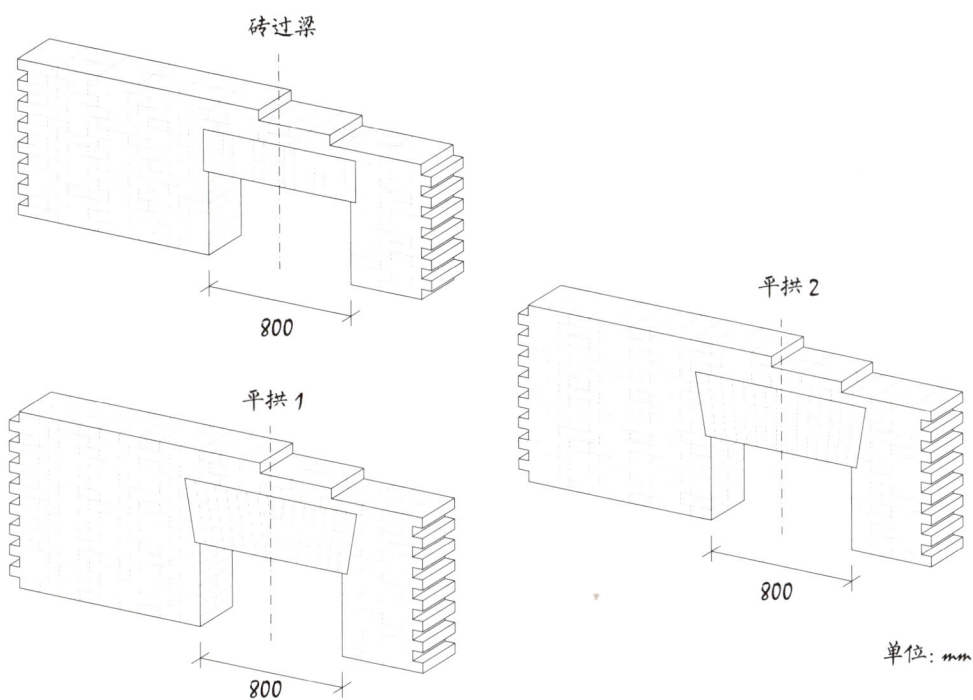

拱券砌筑方向示意图

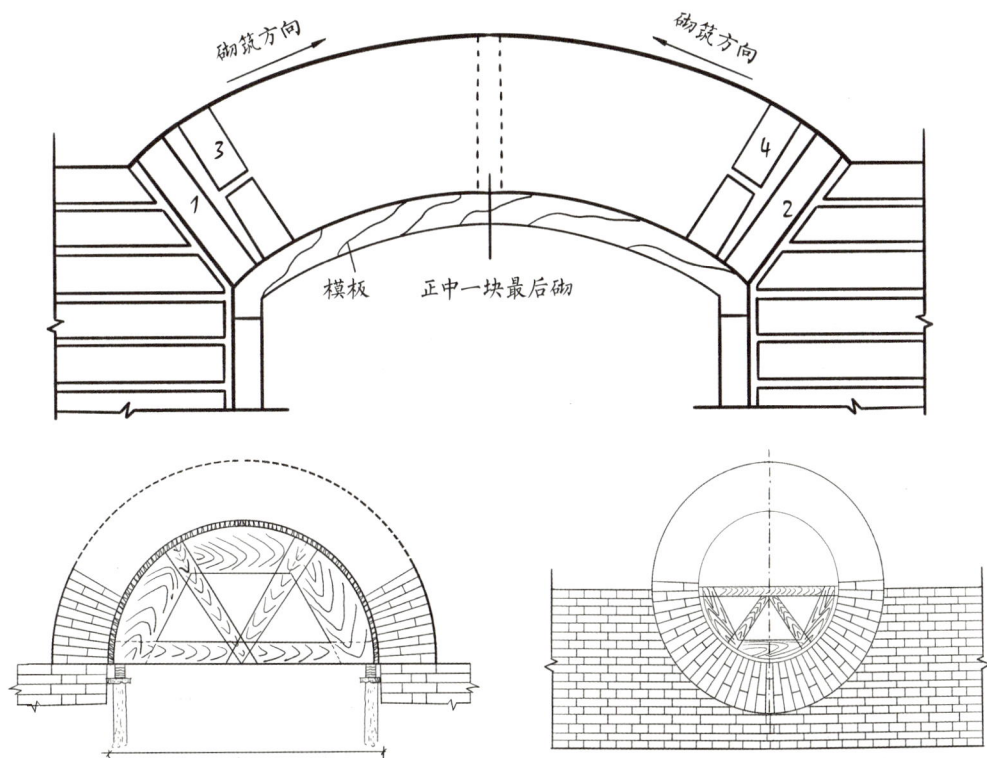

图 3-43 平券、拱券的砌筑示意图

弧形砖拱

半圆形砖拱

1500

140

1380

1500

椭圆形砖拱

140

330

1040

330

1500

教堂式砖拱

椭圆形砖拱

140

300

2740

300

1170

1500

20

1500

单位: mm

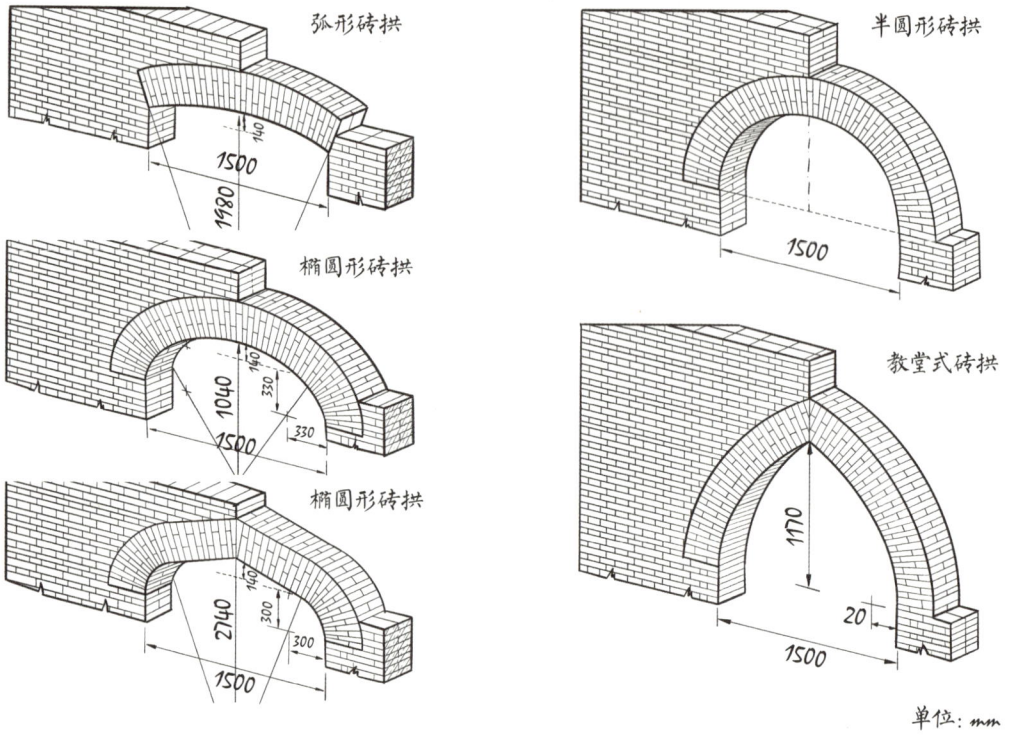

图 3-44 窗券构造示意图

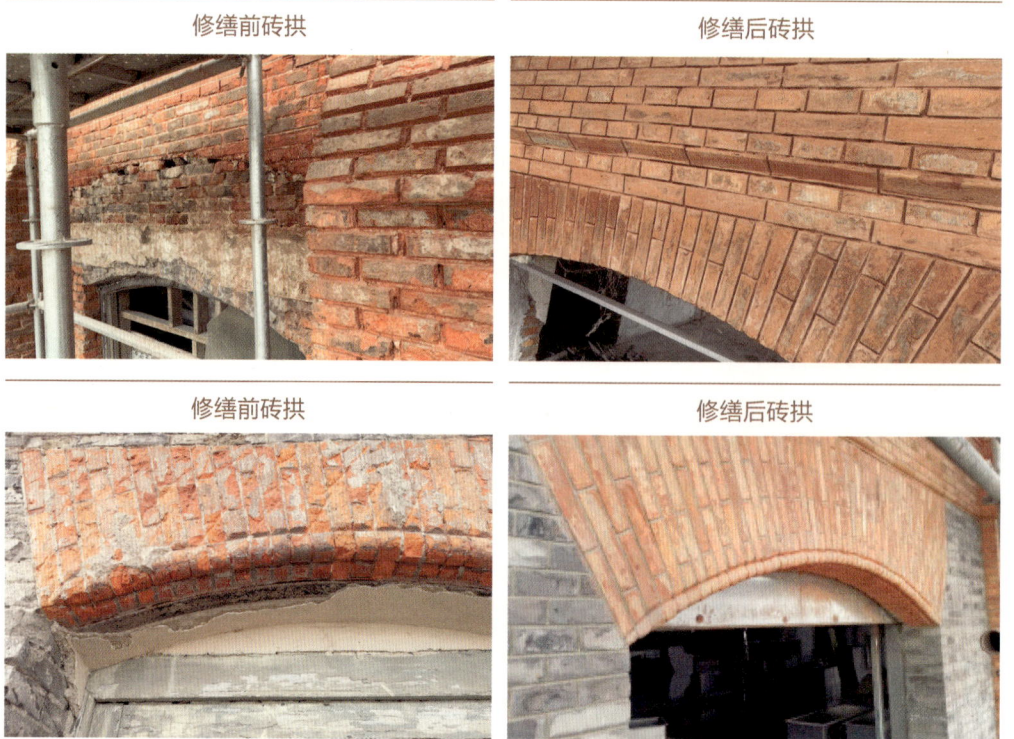

修缮前砖拱	修缮后砖拱
修缮前砖拱	修缮后砖拱

图 3-45 砖拱修复前后对比

3.4.2.3 装饰线脚损坏的修复

（1）清水砖外墙的装饰线脚主要有檐部线脚、层间腰线、勒脚线脚、门窗套线脚、墙面图案状线脚等。

（2）其主要损坏形式表现为：污渍、风化、错位、缺失、毁损等。

（3）装饰线脚修复前的准备工作：

① 修缮前对需要修缮的装饰线脚，进行拍照、扫描或仿形器取形，绘制纸样、拓样、套样；

② 对拟用于替换的补缺线脚砖，应按取样进行定制加工，其形状、色泽、肌理、材性均需与原砖一致或基本接近。

（3）装饰线脚修复步骤：

① 表面清理：修缮前先对其表面清洗干净，清洗方法参考本节相关内容。

② 装饰线脚增强：为提高风化待修补处基体的强度，增加基体黏结及防止返碱，应采用砖石增强剂整体涂淋，并养护一周。

③ 装饰线脚风化修补：风化程度较浅的，增强处理后用同色石灰基胶凝材料或砖粉进行修补。

④ 装饰线脚缺损修缮：一般可采用挖补法，对损坏部位装饰线脚整齐切割去除后，按照需修复的线脚式样用相近的砖块进行打磨，然后进行镶砌修补。也可植筋后采用石灰基胶凝材料或砖粉的方法进行修复。

⑤ 装饰线脚错位修缮：可采用"支顶复位"法，进行注浆修复；也可采用石灰基胶凝材料或砖粉添补和打磨相结合的方法进行修复。

⑥ 装饰线脚毁损修复：可参考拱券缺损修缮的方法进行修复。

⑦ 装饰线脚修补后，需进行憎水处理，施工方法可参考清水墙"表面防渗处理"。

3.4.2.4 悬挑构件的修缮

（1）清水墙的主要悬挑构件为墙体的挑檐部分。当其产生沿砖缝的斜向裂缝时，必须采取拆砌的方法进行修复。

（2）修缮要点：

① 绘制待修缮部位的图纸，预先将损坏的砖块按原形状加工好待用；

② 对待修缮部位，采取"支顶""卸载"等方法，保证其在修缮过程中的稳定，确保修缮施工安全；

③ "逐皮""逐块"地拆除损坏的悬挑构件，收集完好的砖块以便"回砌"时使用；

④ 按图纸中悬挑构件的式样，逐皮进行恢复砌筑，砌筑砂浆应使用低碱砂浆。

3.4.2.5 砖雕花饰损坏的修缮

（1）上海地区历史建筑清水砖外墙，常采用砖雕花饰装饰，主要集中在山墙顶部、石库门头（仪门）等部位。其主要表现的题材有文字、图案、花草、人物等。门头上方的吉祥词语、花草、人物等，一般采用青砖雕刻的表现形式；墙面上的文字、图案一般用特殊加工的砖块镶拼而成。青砖雕刻，一般采用浮雕、透雕、圆雕等技法，具有十分明显的中国文化特征。

（2）砖雕花饰的损坏情况，主要表现形式为：污染、风化、残缺、毁损等。

（3）砖雕花饰的修缮原则和方法：

① 对污染、风化的病害，可采取与清水砖外墙表面清洗以及与风化修复同样的方法进行处理；

② 对于镶拼（文字、图案）花饰的残缺，可采取手工剔除后，镶补定制的花饰砖块进行修复；

③ 对于青砖雕刻花饰的损坏，可根据损坏情况，采取石灰基胶凝材料或砖粉修补的方法进行修复；

④ 对于已毁损的砖雕花饰，应按设计要求，视其对整体风貌的影响，决定是否复原；

⑤ 砖雕花饰修复后，应使用憎水剂对其表面进行防渗水处理。

3.4.2.6 灰塑损坏的修复

（1）上海地区近代历史建筑清水砖外墙特殊装饰手法之一的灰塑主要分布在建筑的下列部位：山墙顶部、檐口、腰线下部、门窗山花、拱肩、窗肚墙，以及砖柱、石柱的柱帽和柱身下部等。

（2）灰塑主要使用的材料：纸筋、石灰、砖粉、颜料等。其主要表现的题材为卷草状纹饰、花卉植物以及各种图案等。

（3）灰塑的构造形式一般由"基层、面层和花饰层"三部分组成。基层，一般采用纸筋石灰抹灰，厚度约 5～8mm；面层，一般为石灰、砖粉与纸筋的混合抹灰，厚约 3～5mm；花饰层为面层之上的浮雕状灰塑，材料成分一般与面层一致。大部分的平面灰塑周边还用砖块做围框，用若干层（一般为三层及以上）砖块叠涩砌筑，形成线脚状的边框，既为装饰又兼具保护灰塑的作用。立体灰塑一般与被装饰的构件的断面形式相匹配。

（4）灰塑制作工艺一般是在面层抹好之后用竹签打草稿，再用拌制的灰浆堆塑而成。部分较厚的部位，墙体内采用钢筋或铁钉作为骨架，以增加灰塑的牢固度。

（5）上海地区灰塑常见的损坏表现有：污染、霉变、风化、缺损、基层与基底间脱开形成空鼓、边框风化或缺损。

（6）灰塑损坏的修缮

① 对灰塑基本情况的查勘：一是对灰塑本体的特征、材料、做法进行勘察和研究；二是对残损状况进行勘察与分析；三是对损坏原因进行分析。

② 损坏的修复：

a. 对于基层脱落已暴露出砖墙基底的部分，应对砖墙基底通过勾缝和表面防水处理后再按原工艺、原材料对基层进行复原。

b. 对于已缺失的部分花饰，可根据其对灰塑的安全性和整体风貌的影响，决定是否复原。

c. 灰塑整体风化酥碱，一般可采用增强剂进行整体加固。先小心清理表面的灰屑和霉渍，将配好的增强剂从顶部点滴直至整个灰塑被完全渗透，用塑料薄膜覆盖表面48h，养护一周使其完全固化。

d. 对基层与墙体相脱开、空鼓的部位可选用天然水硬性石灰注浆黏结料进行无压力灌浆。

e. 对灰塑表面的裂缝，大于5mm时可采用与原灰塑使用的材料、级配配制修补砂浆进行填补，小于5mm时可采用天然水硬性石灰注浆黏结料填补。

f. 对于面层脱开的花饰需要重新进行锚固。可使用电钻打孔，埋入不锈钢膨胀螺钉，将花饰与面层重新固定；然后用与原灰塑面层材料配比相同的纸筋石灰基胶凝材料或砖粉灰浆封堵钉孔；最后使用天然水硬性石灰注浆黏结料进行无压力灌浆。

g. 待黏结、灌浆、填缝等步骤完成后，用憎水剂对灰塑表面进行憎水处理。

3.5 典型案例分析一

3.5.1 项目概况

迎宾三路298号始建于1923—1924年，建筑面积为1369.95m²，其中东楼和西楼为上海市第四批优秀历史建筑（三类），原为花园住宅，1950年后，成为虹桥机场的一部分，最初隶属华东军区，由空军部队管辖（图3-46）。1972年起，归军委民航上海管理局使用，

图 3-46 建成之初的东楼和西楼

曾作为电讯设备修造所、退休职工活动室等。

　　迎宾三路 298 号的东楼为凹字形平面的单层住宅,坐落在近 1m 高的基台上。青砖砌筑的墙体,白色抹灰与清水青砖线脚装饰相结合。东楼的建筑形式较之早期教会的中西合璧建筑已经更加成熟、完整,建筑外观和细节充分体现江南建筑细部与西式功能构件结合,并通过匾额、灰塑等装饰等,凸显中国传统文化;西楼为二层小楼,总体造型现代、简洁,几乎没有任何符号装饰。清水青砖墙支撑出檐 1.2m 的双坡悬山屋顶,上盖小青瓦和传统回纹脊,但无举折。坡屋面及封檐板平直、素洁,屋顶部有西式砖砌烟囱。墙面开窗南侧普遍较大,北侧多为较小的高窗,部分门窗上设平缓砖券。

　　东楼、西楼单体各立面,院落空间,大门为外部重点保护部位。本工程在保护修缮各单体建筑的基础上,清除外墙后期添加物、涂料等,修缮破损劣化部件,还原建筑历史风貌和特色。

3.5.2 修缮技术

(1)现状分析

　　本工程西楼外立面为清水青砖墙面,在自然和人为作用下,墙体局部开裂,有局部返碱、涂鸦、苔藓污染及不当修缮等症状(图 3-47)。

墙体局部开裂

违建、涂料覆盖

附加铁件

苔藓污染

涂鸦

墙面局部返碱

后期抹灰

修缮不当

图 3-47 项目原状实景

（2）清水砖外墙表面处理（图 3-48）

① 清理：人工使用铲刀斜向轻轻地铲除墙面污垢。割除外露铁件，对酥松、破损部位采用人工方式对砖块清理至坚硬砖层。

② 开缝：整理砖缝时，采用专用的扁钢凿，先在砖缝两侧轻凿，待松动后，用剔除工具沿砖缝方向凿除，深度不小于 8mm 或凿至原始砌筑砂浆层。

③ 脱漆清洗：采用高效脱漆剂对油漆、涂鸦部位进行脱漆处理，采用高温蒸汽清洗机配合清洗工具进行清洗（图 3-48）。

铲除墙面污垢	凿除原抹灰层

清理砖缝	刷洗墙面

图 3-48 外墙表面处理施工照

（3）清水砖外墙修缮（图 3-49、图 3-50）

① 石灰基胶凝材料或砖粉修补：将石灰基胶凝材料或砖粉调成半干的糊状，在损坏的砖面上修缮粉刷。石灰基胶凝材料或砖粉修复砖棱角后，用硅刷均匀打磨抛光，改

善修补痕迹，使其与周围清水墙面协调一致。

② 砖片修补：砖片采用室内拆卸下来的历史老砖切割，用于表皮层。砖片黏结材料采用石灰基黏结材料。

③ 勾缝：勾缝由上而下，先勾水平缝，后勾立缝。墙面勾缝做到横平竖直，十字缝搭接平整。勾缝完成面离砖口深度 3~4mm。

破损砖片剔除

砖片修补

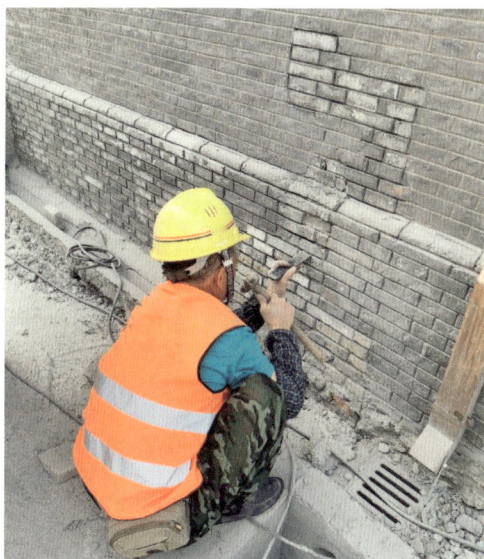

勾底缝

勾面缝

图 3-49 外墙修缮施工照

图 3-50 墙面局部修缮前后

3.5.3 修缮前后对比（图 3-51）

西楼修缮前

西楼修缮后

图 3-51 西楼修缮前后对比

3.6 典型案例分析二

3.6.1 项目概况

杨树浦路 670 号为英商怡和纱厂（Ewo Cotton Mills. Ltd.）旧址，位于滨江历史产业建筑群路，始建于 1896 年，至今已有近 130 年历史。

地块面积 48768m²，内含 6 幢优秀历史建筑，原为厂房、废纺车间、仓库、大仓库、空压站和英国老板住宅。修缮前厂房作临时办公用，大仓库为"青草沙水源给水技术与装备验证基地水资"实验用房，其他 4 幢建筑长期处于空关状态，建筑结构存在安全隐患。

基地内现存历史建筑由马海洋行等近代知名建筑事务所设计，建筑类型涵盖工业厂房和花园住宅，1999 年 9 月被上海市政府公布为第三批优秀历史建筑。其中厂房、废纺车间、英国老板住宅、大仓库的保护要求为三类；空压站及仓库的保护要求为四类。修缮前建筑立面均已被水泥砂浆及涂料覆盖，经历史考证及现场剥离面层后判断，6 幢历史建筑中 4 幢为清水砖墙立面，一幢为混凝土框架清水砖填充墙立面，一幢为卵石饰面。建筑原立面材质及风貌体现了近代工业建筑的时代特征及类型特征。

根据保护管理技术规定：①空压站及仓库的锯齿形屋顶和主要立面为外部重点保护部位；②厂房的外立面风格为外部重点保护部位；③英老板住宅的外立面为重点保护部位；④废纺（坊）车间的外立面为外部重点保护部位；⑤大仓库的外立面为重点保护部位。本工程在针对外立面重点保护部位修缮时严格按照原样式、原材质、原工艺进行修缮（图3-52）。

图 3-52 项目全景图

3.6.2 修缮技术

（1）现状分析

本工程涉及的厂房、仓库等建筑外墙多为清水砖墙，厂房和废纺（坊）车间墙面有青砖和红砖，仓库和空压站清水墙面为红砖清水墙。清水砖墙表面缺损、风化较严重，除5号大仓库清水墙仅涂刷红色涂料外，其余大部分清水墙建筑外部同时被水泥砂浆和涂料覆盖（图3-53）。

水泥粉刷后涂刷涂料覆盖

黄砂水泥粉刷覆盖

植物滋生

墙体破损

砖面风化

勾缝老化

图 3-53 项目原状实景

（2）清水砖外墙表面处理

① 清理植被和粉刷：植被清理时注意根部情况，避免清理根部时损坏砖体。小心地用人工将水泥粉刷层逐一凿除，使用铲刀斜向柔和地轻轻铲除墙面粉刷层，确保不损伤原有砖墙面。

② 铁件清理：外露部分用氧气乙炔割除，对留在墙中的木楔、螺栓全部取出，采用钳子或套钻拔出，拆卸过程中小心卸落，避免在卸落中对墙面进行二次伤害。

③ 拆除水泥砂浆粉刷时，采用人工凿除的方式，确保砖墙原砖面的完好性。施工时先敲击，找出粉刷空鼓部位，然后用凿子剔除空鼓部位，再用平头凿，沿粉刷与砖墙面的结合处逐一剥离（图3-54）。

凿除表面抹灰层

图3-54 表面处理施工现场照

④ 墙面清洗、脱漆处理：

a. 对于外墙浮灰、污垢和涂料，采用中性清洗剂清洗。清洁时采用塑料软毛刷或低压水枪进行人工清洗，针对面层污染不同情况调节水压，水压 ≤ 60MPa，避免过度清洗；而对较为顽固的附着处采用塑料刷轻轻刷洗。冲洗作业时须控制喷枪口与污垢之间的距离（700mm左右）、冲击方向（与墙面约60°斜角，严禁正面冲洗）、停滞时间等。大面积清洗先进行清洗试验，试验区域选择在非主要立面区域进行，经设计人员确认后方可大面积实施。

b. 对于浮灰等轻度污染，采用清水碳硅尼龙刷清洗。

c. 对于墙体上的雨水流挂、铁件锈蚀残留等顽固污垢，采用专用试剂敷贴溶解。敷贴剂对污垢的作用时间，可以根据污垢的顽固程度而定。一般以 6h 为准，也可以增加或减少时间，或增减清洗试剂的含量和加入5%的表面活性剂。清洗完成后，用清水冲洗干净。

　　d. 油漆涂料的污染采用中性或弱酸性的专用外墙涂料脱漆剂涂刷清洗，停留约5~20min 后再用水管冲水和碳硅尼龙刷刷洗清洁。

⑤　清洗时，均匀涂抹清洁剂，且保持湿润，然后在油污表面反复涂抹，最后用低压清洗设备冲洗已溶解的油污和清洁剂。对于干硬结块的厚层油污，先清除表面的结块，后用低压清洗设备预清洗，再用敷贴的方式敷在油污表面，最后用低清洗设备清洗，直至表面油污清洗干净为止（图 3-55）。

| 刷脱漆剂 | 用硬刷子刷掉表面水泥砂浆残留 |

图 3-55 清洗施工现场照

（3）清水砖外墙修缮（图 3-56）

①　开缝：现状清水墙灰缝酥松脱落，对原砖缝进行整体剔除。石灰基勾缝，采用人工方式清除。清除时，采用专用的扁钢凿，先在砖缝两侧轻凿，松动后，用剔除工具沿砖缝方向凿除，深度不小于8mm 或凿至原始砌筑砂浆层。使用旋转切割机清理现场的水泥灰缝，清理时必须避免损伤砖面。

②　砖面增强：采用增强剂对砖面进行增强，增强剂选用硅酸乙酯。

③　墙面破损为 5~10mm 的部分，保留原轻微破损的状况。

④　砖面修补：当墙面破损为 10~20mm，清理基层后涂刷界面剂，采用抗碱砂浆找平，留有至少 3~5mm 石灰基胶凝材料或砖粉的厚度，待表面固化后用专用石灰基胶凝材料或砖粉修补。

⑤ 砖片修补：墙面破损大于 20~50mm，采用拆卸的老墙砖锯片进行修补。砖片黏结材料采用石灰基黏结材料，砖片采用同时期的历史老砖切割，砖片采用原砖面。

⑥ 砖块镶砌：墙面破损大于 50mm 或墙体有孔洞，采用同规格老砖进行抽砖镶嵌修补。手工凿削抽换砖块四周的灰缝；拆除砖面严重损坏的砖材；清除砖孔污杂物，并刷洗干净；选择石灰基砌筑砂浆，以镘刀将灰浆覆底再砌入湿润的砖块。在清理过程中凿出的整块砖体进行整砖镶砌，镶砌的整砖需和周边的砖体匹配协调。

⑦ 灰缝修缮：根据现状，做灰缝形式。

a. 用刷帚把灰缝内灰尘清扫干净，并洒水湿润灰缝部位。采用成品石灰基勾缝剂，颜色与原砖面勾缝相近，勾底缝，离砖口深度 6~8mm。

b. 墙面干燥后，采用成品石灰基勾缝剂进行勾缝。勾缝剂颜色与原墙体砖缝保持一致，砖缝填充要均匀、饱满、密实。勾缝由上而下，先勾水平缝，后勾立缝。墙面勾缝横平竖直，十字缝搭接平整，压实、压光。平凹缝勾缝离砖口深度 3~4mm，深度沿风化的旧砖起伏而起伏，凸显出砖的立体效果。凸圆缝圆拱面凸出砖面 3~4mm。

c. 勾面缝采用定制勾缝模具。保证勾缝平顺、勾缝宽度、凹凸一致。

⑧ 憎水保护：修缮后外墙饰面采用无色、透明、不反光、透气性的渗透型有机硅或硅烷类憎水保护剂。在墙体干燥的条件下，修缮后砖体表面用喷雾剂均匀地将憎水剂喷于砖墙上。憎水剂检验一般采用浇水防水检查，每个墙面不少于 3 处，浇水后的表面呈水珠状，墙面不湿为合格（图 3-56）。

| 开缝：采用凿子和切割机结合 | 砖面增强 |

图 3-56 清水砖外墙修缮

微损破损处原状保留

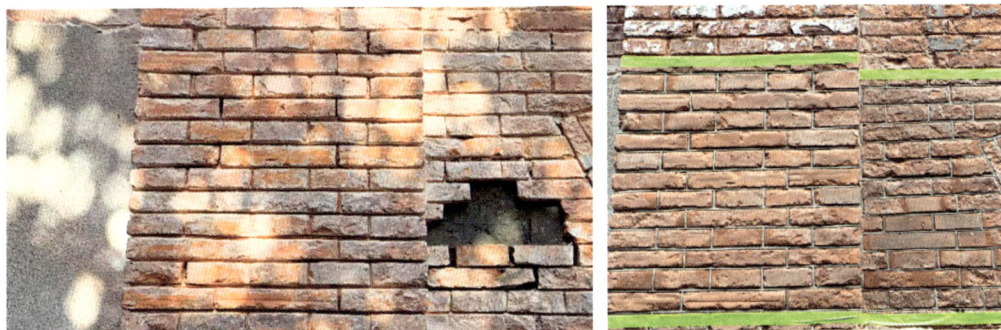

砖粉修补

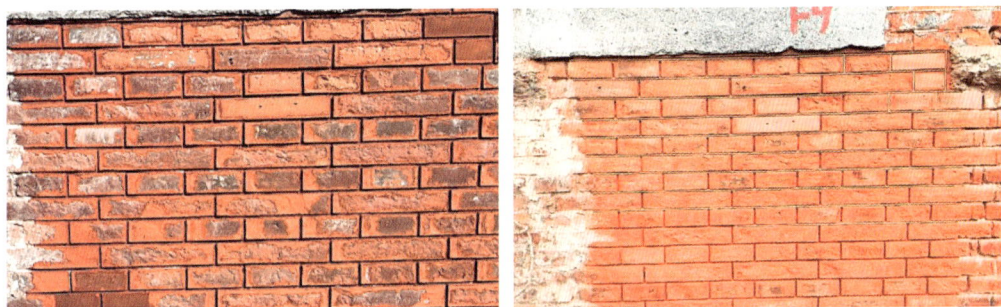

砖片修补

整砖镶砌

图 3-56 清水砖外墙修缮（续）

图 3-56 清水砖外墙修缮（续）

3.6.3 修缮前后对比（图 3-57、图 3-58）

修缮前

图 3-57 修缮前后

修缮后

图 3-57 修缮前后（续）

图 3-58 局部展示修缮前的墙面

第4章

抹灰饰面保护修缮工艺

外墙抹灰，可以通过添加颜料调配各种不同的颜色，在硬化前具有良好的可塑性，可塑造不同的形状和纹理、饰面，因选用骨料种类、粒径级配、胶凝材料种类或颜色的不同，即使同样的施工工艺，最终呈现的效果也会不同。外墙抹灰工艺相对简单、易于操作，通常成本较低；外墙抹灰可根据不同的要求和条件进行调整，适应性强。抹灰材料与墙体的黏结力强，不易脱落，延长建筑的使用寿命，减少维护成本；外墙抹灰可通过选择合适的材料和厚度，提供一定的隔热和保温效果。

由于抹灰的造型丰富多样、外观表现力强的特点，外墙可提供丰富的装饰效果，大幅提升建筑的美观度，因此在上海近代历史建筑中得到广泛使用。外墙抹灰类型可分为一般抹灰、装饰抹灰和石碴抹灰，装饰抹灰包括拉毛灰、压毛灰、洒毛灰、甩毛灰等。

本章节将分析上海历史建筑中外墙抹灰饰面中一般抹灰和装饰抹灰饰面的常见类型、工艺特点、传统工艺及修缮要点，并对特色工艺进行阐述，结合典型案例分析，提出历史建筑外墙抹灰科学的保护修缮方法。装饰抹灰类中石碴抹灰饰面的内容，将在另外的章节中单独介绍。

4.1 常见类型和工艺特点

抹灰饰面传统常见饰面的做法随外观而异，通常分为：

（1）一般抹灰饰面，主要指浮砂面、油光面等；

（2）装饰抹灰饰面，主要指拉毛灰、压毛灰、洒毛灰及其他装饰性抹灰等。

4.1.1 一般抹灰饰面

施工前需要进行基层清理，尘土、污垢、油渍等清除干净。表面凹凸明显的部位，事先剔平或用1∶3水泥砂浆刮糙补平。抹灰工程在基体或基层的质量验收合格后施工。抹灰砂浆可采用湿拌抹灰砂浆（WP）和干拌抹灰砂浆（DP），具体对应关系见图4-1。

种类	预拌砂浆	传统砂浆
普通抹灰砂浆	WP5.0、DP5.0 WP10、DP10 WP15、DP15 WP20、DP20	1∶1∶6 混合砂浆 1∶1∶4 混合砂浆 1∶3 水泥砂浆 1∶2、1∶2.5 水泥砂浆、1∶1∶2 混合砂浆

图 4-1 预拌砂浆与现场配制砂浆分类对应图

粉刷前的墙面，一般在抹灰前一天，用水管或喷壶顺墙自上而下浇水湿润。不同的墙体，不同的环境需要不同的浇水量。浇水要分次进行，最终以墙体既湿润又不泌水为宜。

抹灰要分为底层、中层、面层三个层次来施工。底层刮糙用于与基层黏结，并进行初步找平；中层粉刷负责找平；面层负责装饰作用。抹灰层与基层之间及各抹灰层之间必须黏结牢固，抹灰层应无脱层、空鼓，面层应无爆灰和裂缝。抹灰层的平均总厚度要符合设计要求。通常抹灰构造各层厚度宜为5~7mm，抹石灰砂浆和水泥混合砂浆厚度宜为7~9mm。

在以上操作基础上，针对不同的一般抹灰饰面，增加以下的操作工艺：

（1）油光面，先将表层镘平，用铁板油平、油光，在油光过程中应用毛柴帚洒水，做到平滑光洁（图4-2左）；

（2）浮砂面，待面层铁板镘平后，加砂于其中，用木蟹依圆弧形动作摩擦表面，使其略糙（图4-2右）。

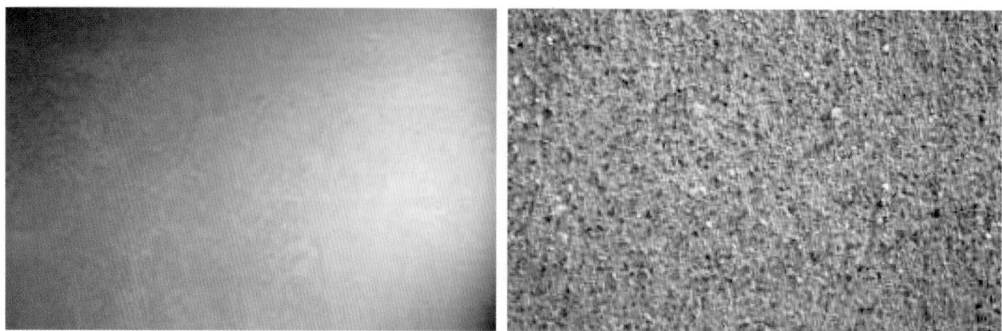

图 4-2 油光面与浮砂面

<h2>4.1.2 装饰抹灰饰面</h2>

4.1.2.1 拉毛灰

拉毛灰,指将配制好的水泥、石灰膏,用棕刷粘涂后顺势粘在墙上。拉毛面花纹、斑点,要求其分布均匀,颜色一致,同一平面上不显接槎。施工时由上而下一次进行,中途不得间断。

面层因施工方法和所用工具不同,可分为以下两种形式。

拉毛:在中层粉刷开始凝结后,另用水泥灰砂浆,用铁板贴在墙面,待数秒钟,将铁板抽离,拉出水泥灰砂成山峰形。拉时用力均匀,速度一致,如个别地方毛头大小不均匀,应随时补拉一次,至均匀为止。拉毛有大拉毛、中拉毛及小拉毛三种,其分别在于拉出水泥灰砂的大小和长短。

搭毛:在中层找平后,用扫帚、毛刷或钢丝刷,轻轻打击后出现毛点。

(1)一般做法

水泥石灰膏罩面拉毛,常用配合比为水泥:石灰膏 =1:0.5。拉毛灰前,应对底灰进行浇水润湿,拉毛的粗细以掺入的石灰膏用量调节,石灰膏的比例越高,拉毛的毛头越粗。拉粗毛时掺30% ~ 50%石灰膏和适量砂子,中等毛头掺20% ~ 30%石灰膏,拉细毛掺10% ~ 20%石灰膏。拉毛的长度决定水泥石灰浆的罩面厚度,一般为4 ~ 20mm,抹时应保持厚薄一致。

(2)操作要点说明

① 拉毛施工时,宜两人配合进行,一人在前面抹拉毛灰,一人紧跟后面,采用棕刷或毛刷往墙上垂直拍拉或铁板轻压后顺势轻轻拉起,要拉得均匀一致;

② 对于个别地方毛头大小不符合要求时,可以补拉1 ~ 2次,直到符合要求;

③ 拉细毛时用毛刷粘着砂浆拉成花纹；

④ 拉粗毛时，在基层抹 4 ~ 5mm 厚的砂浆，用棕刷轻触表面用力拉回，要做到快慢一致；

⑤ 在一个平面上，要避免中断留槎，以便做到色泽一致，不露底（图 4-3）。

图 4-3 拉毛灰、搭毛灰

4.1.2.2 洒毛灰（撒云片）

是用竹丝刷或茅柴帚等工具将罩面灰浆甩洒在墙面上的一种饰面做法。

（1）一般做法

常见洒毛灰的做法是，先抹一层厚度为 15mm 的水泥砂浆打底，待底层达到五六成干时，刷一遍水泥浆或水泥色浆作为装饰衬底，然后用 1∶1 水泥砂浆，另加少许石灰膏，其重量不超过水泥的 10%，罩面洒毛。

（2）操作要点说明

① 洒水湿润底层，用竹丝刷或茅柴帚蘸适量砂浆，离墙面约 50cm 处，将砂浆洒在墙面上。洒甩时云朵必须大小相称，纵横相间，既不能杂乱无章，也不能像排队一样整齐。

② 饰面肌理效果与垫层的颜色要协调，互相衬托。

③ 砂浆的稠度以能粘在刷子上、并洒在墙面上不流淌为宜，砂子应用细砂（图 4-4）。

图 4-4 洒毛灰

4.1.2.3 压毛灰

压毛灰是指在拉毛面层施工后，砂浆初凝时，将毛头用铁板轻轻压平。

抹灰外墙传统工艺分为底层抹灰、中层抹灰、面层抹灰三道，第一道为底层抹灰，要求与基材的良好黏结；第二道为中层抹灰，主要起找平作用，凝固至六七成时往往进行刮糙润湿处理；第三道为面层抹灰，面层灰的不同施工方法将产生不同的面层效果。

水泥砂浆修复工艺中，首先引入对墙面的清洗，同样需要对墙面取样配比分析。根据劣化程度和面积的不同，分为不作处理、局部铲除重抹、整体铲除重抹，重抹材料应考虑软硬底脚因素（图 4-5）。

图 4-5 压毛灰

图 4-6，分别对装饰抹灰的做法，构造进行了示意；图 4-7，举例说明了"拉毛灰"工艺的构造做法。

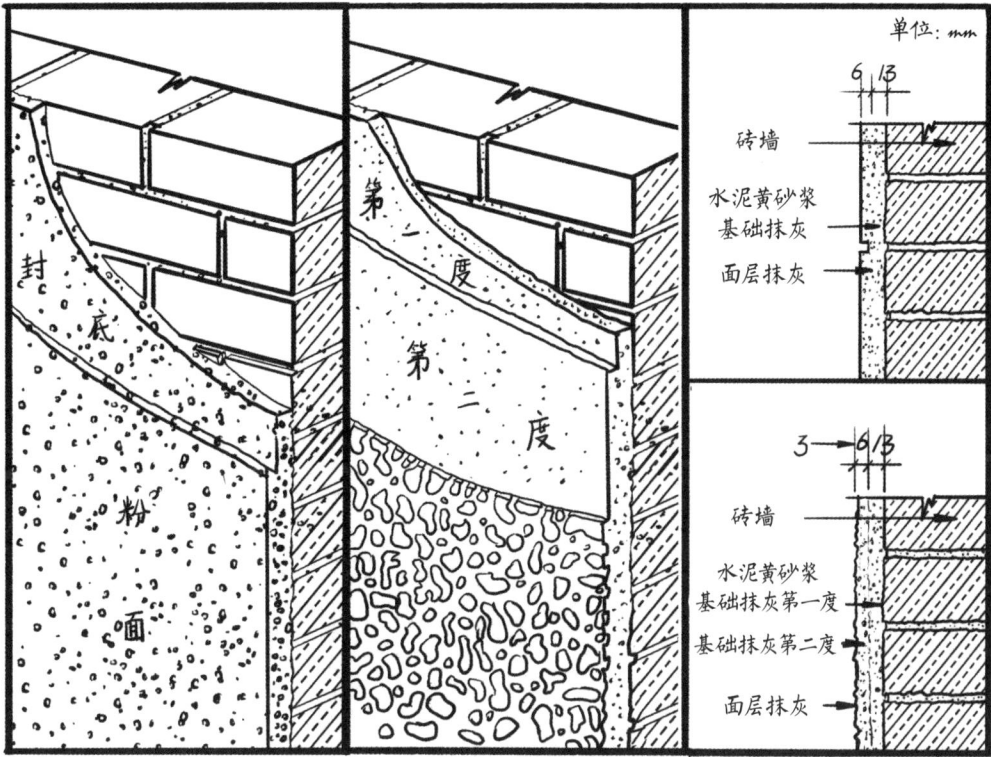

单位: mm

封底

粉面

第一度

第二度

砖墙

水泥黄砂浆
基础抹灰

面层抹灰

砖墙

水泥黄砂浆
基础抹灰第一度

基础抹灰第二度

面层抹灰

图 4-6 外墙面抹灰详图

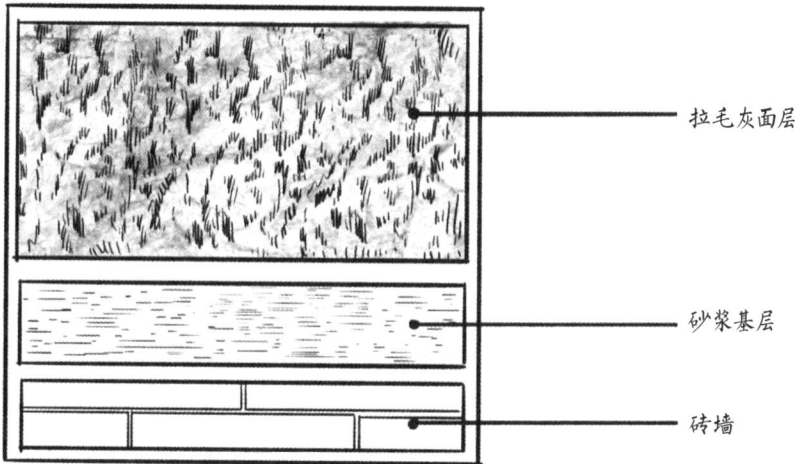

拉毛灰面层

砂浆基层

砖墙

图 4-7 拉毛灰构造

4.2 传统施工工艺

4.2.1 传统工艺流程

掏拌砂浆→基层处理→做塌饼、出柱头→墙面刮糙→抹中层灰→抹面层灰。

4.2.2 施工要点

4.2.2.1 掏拌砂浆

掏拌水泥黄砂砂浆：先放黄砂，后放水泥，来回干拌三次，然后加水，来回湿拌三次，至均匀为止，俗称三干三湿。

掏拌黄砂石灰砂浆：先放石灰膏，加水掏成薄浆，再倒入黄砂，然后翻掏三次，至均匀为止。

掏拌化纸筋灰：把石灰膏和纸筋混合加水搅拌，然后放入纸筋灰池熟化，熟化过程中灰池盖上草包或麻袋，定期加水搅拌，一般15天后熟化完成（图4-8~图4-10）。

4.2.2.2 基层处理

抹灰前需将基层上的尘土、污垢、灰尘等清除干净，并浇均匀湿润。外墙抹灰应先上部，后下部，先檐口再墙面（包括门窗周围、窗台、阳台、雨篷等）。大面积的外墙可分段施工，如一次抹不完时，可在阴阳角交接处或分格线处间断施工（图4-11）。

4.2.2.3 做塌饼、出柱头

做塌饼：抹灰前，在墙面的四角敲钉挂线，确定括糙厚度。在挂好的麻线处用灰浆做一块塌饼，塌饼的厚度不要碰着麻线（图4-12）。

出柱头：先在上下塌饼之间括灰浆，再用长直尺把灰浆括得和塌饼一样厚，像一根柱头（图4-13）。

粉护角线：先拌水泥砂浆，再将水泥砂浆涂在墙的阳角处，然后用阳角括尺压紧括直，做成护角线（图4-14）。

4.2.2.4 墙面刮糙

用铁板由上而下进行，将灰浆压紧在墙面上，再用长括尺括平（图4-15）。

阴角刮糙：先将灰浆涂在阴角处，再用长阴角括尺上下括直，最后用短阴角器修整（图4-16）。

4.2.2.5 抹中层灰

抹中层灰应在底灰六七成干时开始抹（抹时如底灰过干应浇水湿润），随即用木蟹

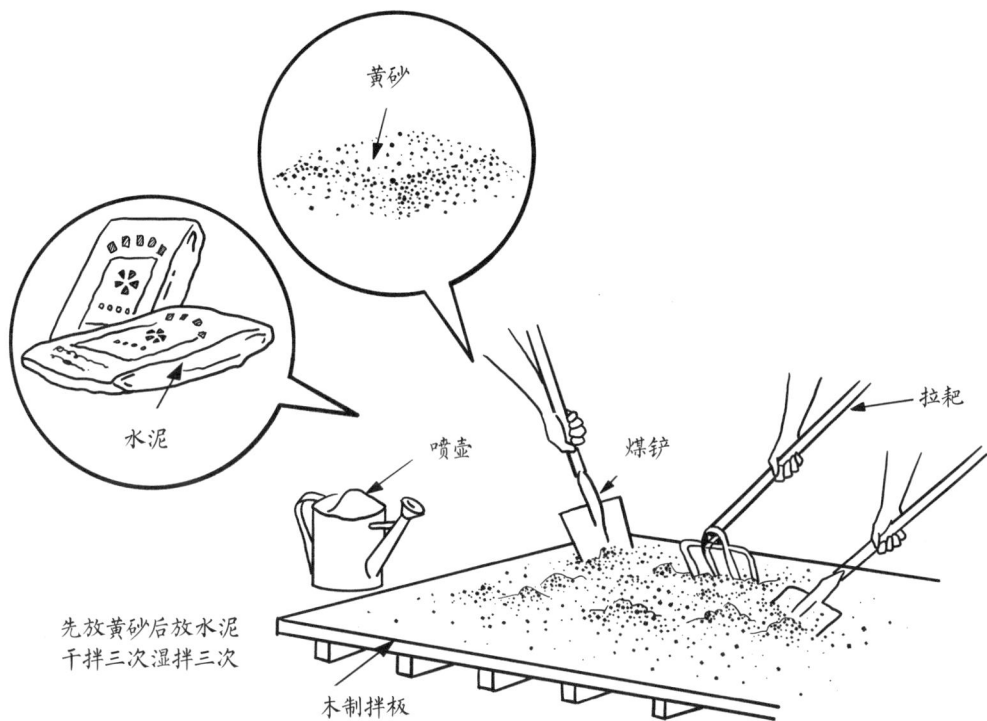

黄砂

水泥

喷壶

煤铲

拉耙

先放黄砂后放水泥
干拌三次湿拌三次

木制拌板

图 4-8 掏拌水泥黄砂砂浆

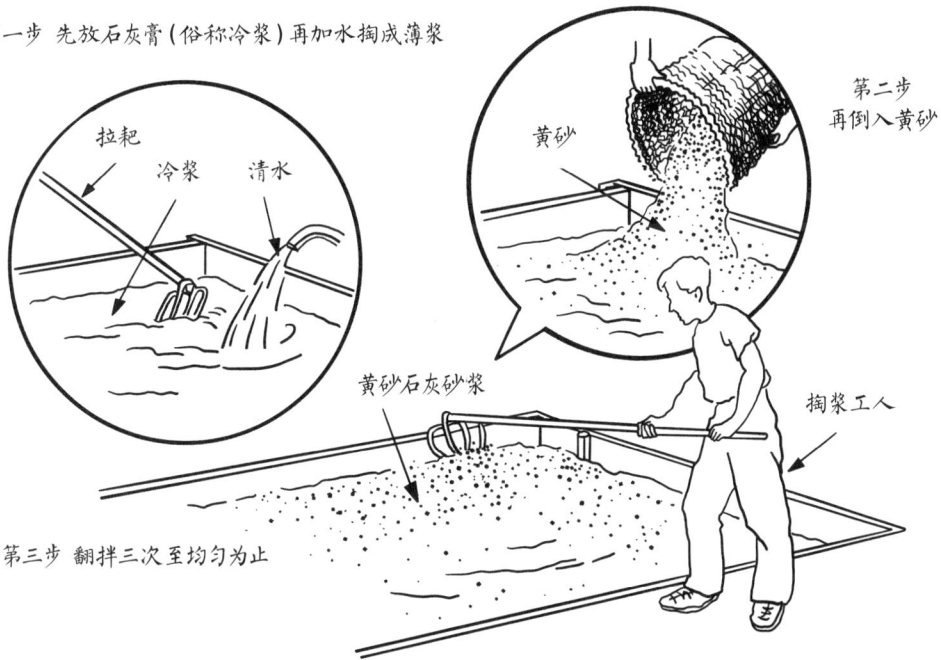

第一步 先放石灰膏(俗称冷浆)再加水掏成薄浆

拉耙

冷浆

清水

第二步
再倒入黄砂

黄砂

黄砂石灰砂浆

掏浆工人

第三步 翻拌三次至均匀为止

图 4-9 掏拌黄砂石灰砂浆

第三步 闷在纸筋灰池内

纸筋灰池

第二步 撕碎草纸放入池内浸烂

草纸

石灰浆

第一步 化热浆

拉耙

第四步
将纸筋灰倒入池内拌匀就可以了

纸筋灰

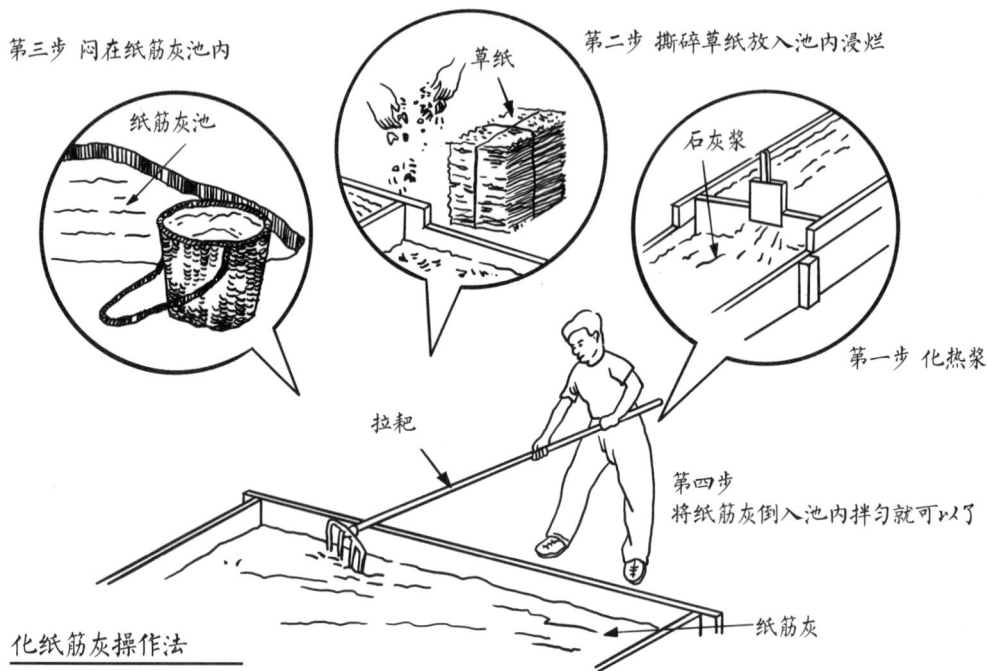

化纸筋灰操作法

图 4-10 掏拌化纸筋灰

外墙粉刷的操作法

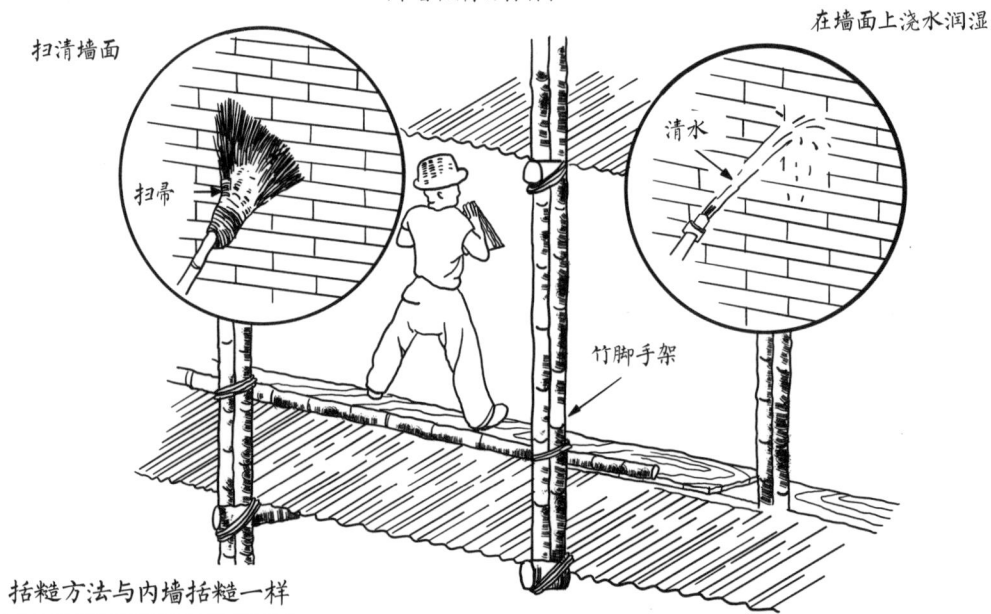

扫清墙面

在墙面上浇水润湿

扫帚

清水

竹脚手架

括糙方法与内墙括糙一样

图 4-11 基层处理

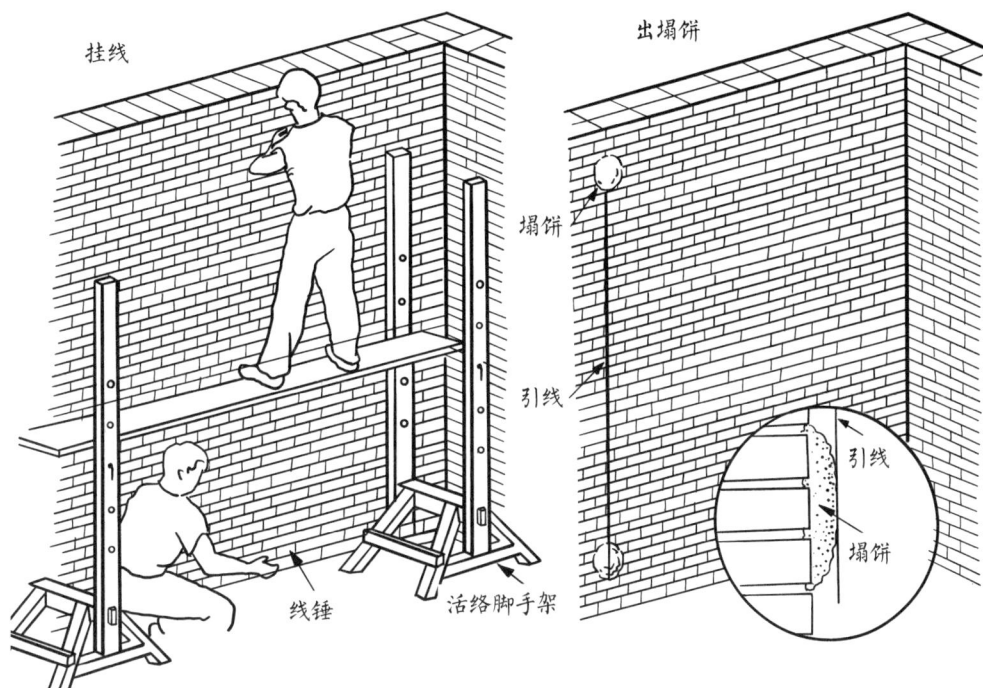

挂线　　　　　　　出塌饼

塌饼

引线

线锤　　　活络脚手架

图 4-12 出塌饼

引线

塌饼

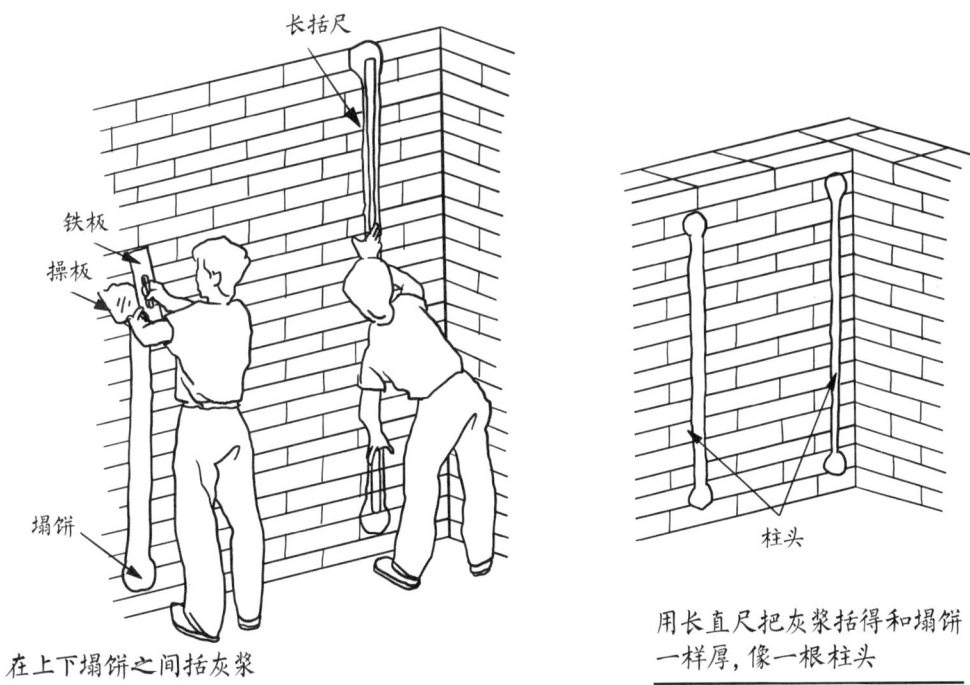

长括尺

铁板

操板

塌饼

在上下塌饼之间括灰浆

柱头

用长直尺把灰浆括得和塌饼
一样厚，像一根柱头

图 4-13 出柱头

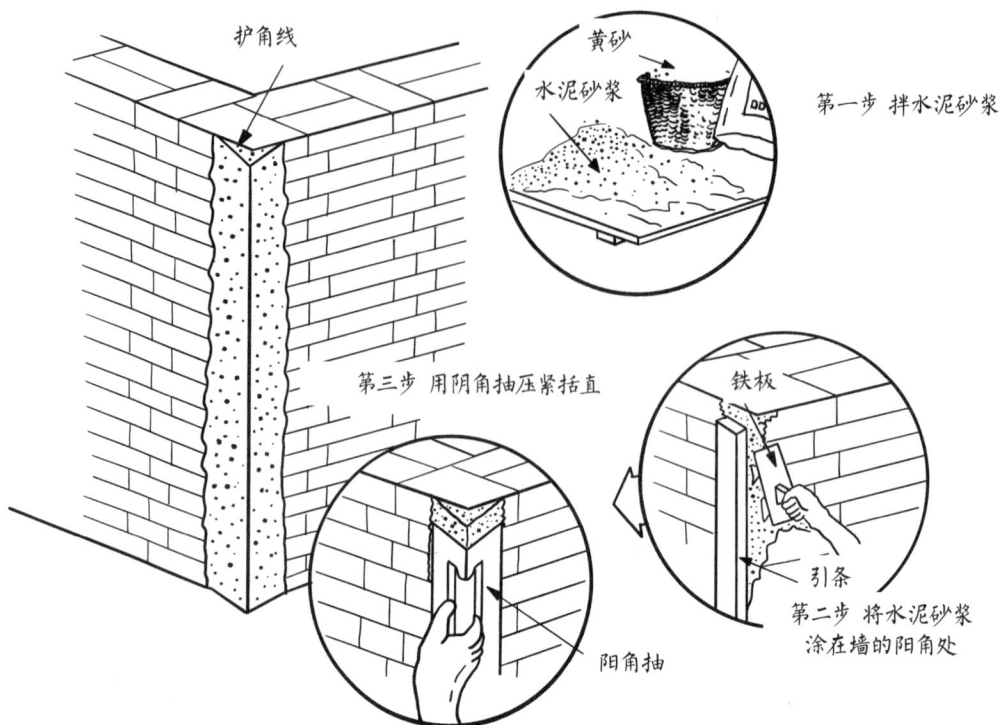

护角线

黄砂

水泥砂浆

第一步 拌水泥砂浆

铁板

第三步 用阴角抽压紧括直

引条

第二步 将水泥砂浆涂在墙的阳角处

阳角抽

图 4-14 粉护角线操作法

上海历史建筑外墙饰面修缮工艺

铁板

操板

泥桶

老法用铁板括糙速度慢

大型抹灰器

长括尺

新法用大型抹灰器括糙比老法快 1~2 倍

图 4-15 刮糙操作示意图

第二步 用长阴角括尺上下括直

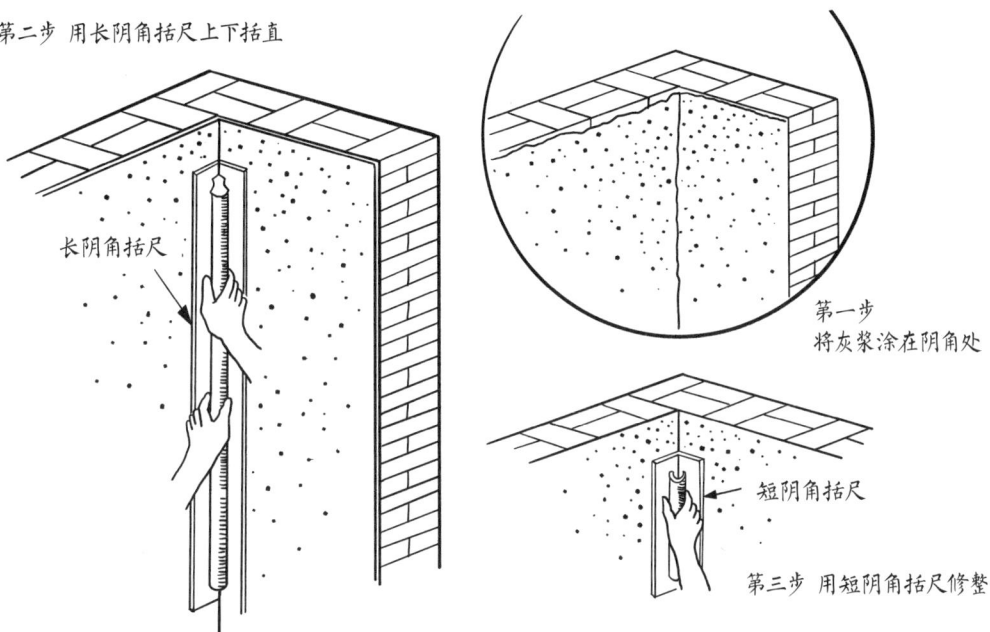

长阴角括尺

第一步
将灰浆涂在阴角处

短阴角括尺

第三步 用短阴角括尺修整

图 4-16 阴角刮糙操作法

搓平整后，用小竹帚扫毛或用铁板顺手划毛。

4.2.2.6 抹面层灰

外墙抹面操作时，先在中层灰上用铁钉划出纹路，干后再粉面，接着用木蟹在粉面上磨平，最后用铁板压光。拉毛灰、洒毛灰和扫毛灰等装饰抹灰饰面相对于一般抹灰主要改变的是面层抹灰，通过改变工具及施工手法将面层抹灰做出所需条纹，具体做法详见图 4-17 常见类型。

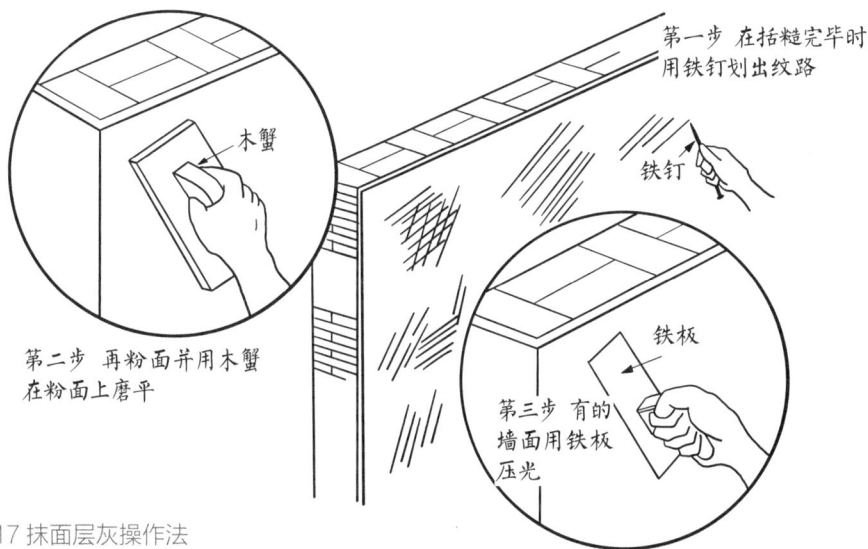

第一步 在括糙完毕时用铁钉划出纹路

铁钉

木蟹

铁板

第二步 再粉面并用木蟹在粉面上磨平

第三步 有的墙面用铁板压光

图 4-17 抹面层灰操作法

4.3 修缮施工工艺

4.3.1 修缮流程

对于抹灰墙面损伤，主要采用的修复技术有局部修补、铲除劣化复原修缮。需要针对墙面损坏的不同程度，采取相应的修复措施（图4-18）。

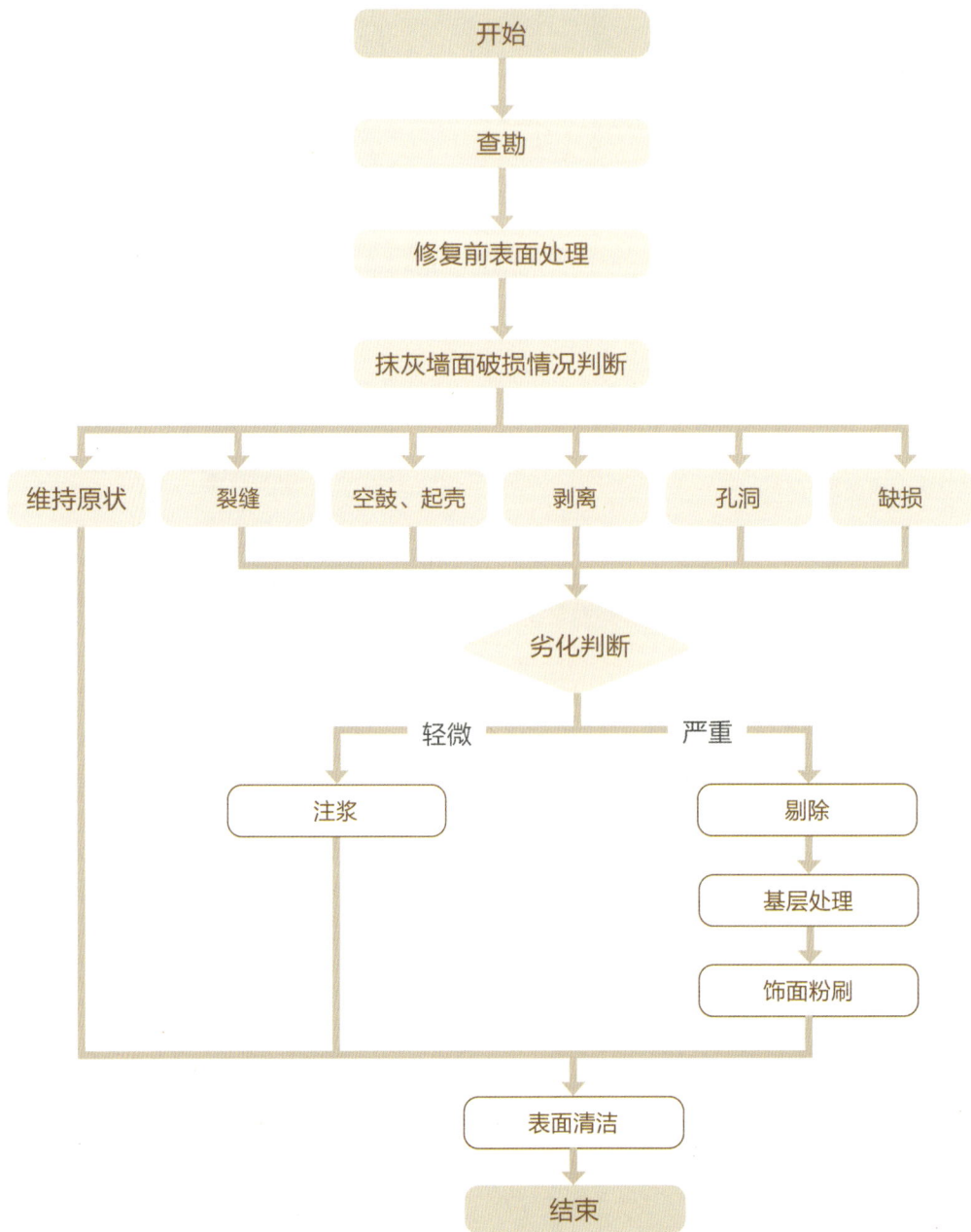

图 4-18 抹灰外墙修缮流程

4.3.2 修复前表面处理

针对抹灰外墙涂层覆盖、轻度污染、顽固污渍、涂鸦污染、油漆污染、锈斑等各类污染情况的处理方式参见 3.3.2 节的相关内容（图 4-19）。

图 4-19 抹灰墙面涂料清洗

4.3.3 修缮工艺

根据墙面的不同的损坏状况进行针对性的修缮。

4.3.3.1 孔洞

将孔洞内部杂物清除，保持干净；选用与旧粉相同或类似的材料调配成填充料，对孔洞进行填实修补，填充整修到与墙面齐平。

4.3.3.2 空鼓、起壳

（1）空鼓、起壳可分为基层起壳和面层起壳

①　单处基层起壳面积≤ 0.1m²，且无裂缝，可以维持原状；

②　单处基层砂浆起壳面积＞ 0.1m²，应斩粉处理；

③　单处基层砂浆起壳面积＞ 0.2m² 或起壳面积超过抹灰面积的 30%，应局部扩创铲除后重抹；

④ 单处基层砂浆起壳面积＞0.5m² 且起壳面积超过抹灰面积的 50%，应全部铲除后重抹；

⑤ 单处面层起壳面积≤0.1m²，应斩粉处理；

⑥ 单处面层起壳面积＞0.1m² 或起壳面积超过抹灰面积的 10%，应局部扩创铲除后重抹；

⑦ 面层起壳面积＞0.3m² 或起壳面积超过抹灰面积的 30%，应全部铲除后重抹；

⑧ 当基层与面层同时起壳，应斩粉处理；

⑨ 基层砂浆有软底脚（以石灰膏为胶凝剂）、硬底脚（以水泥为胶凝剂）之分，修缮过程中应与原有砂浆保持一致。

（2）修补

① 人工凿除空鼓、起壳处，凿除旧抹灰必须方正整齐；

② 清除基层表面浮渣和灰尘，浇水湿润；

③ 涂刷或批嵌界面剂；

④ 用粘合剂加入调制的水泥砂浆抹灰分层修补（每次不超过 1cm），抹灰面平整密实。

（3）风化

风化的部位应铲除，清刷净浮渣和灰尘，浇水湿润，抹灰前应涂刷一道水泥浆，然后用调制的水泥砂浆抹灰修粉。

（4）裂缝（图 4-20）

① 裂缝宽度≤0.3mm，且无起壳，可维持现状，采用注射器注入灌浆料进行封闭或嵌缝处理。

② 裂缝宽度＞0.3mm，基层拓缝后嵌缝处理，根据裂缝的深度、方向，将其扩凿成 V 形沟槽（切割三角槽面宽 6mm，深 5mm），清刷净浮渣和灰尘，浇水湿润，用调制的水泥砂浆抹灰补抹牢固、恢复完整的外墙饰面。面层作斩粉处理。

（5）剥落、缺损

因空鼓、酥松或人为原因造成的水泥砂浆抹灰剥落、缺棱掉角、线脚和饰件的损坏，按下面的方法进行修复。

① 铲除剥落缺损处周边杂物，周围的水泥砂浆抹灰保持干净；

② 采用按原样进行修粉；

③ 对部分原有预制安装的损坏饰件根据相邻的样式复制修复，与相邻样式保持一致。

裂缝修补过程

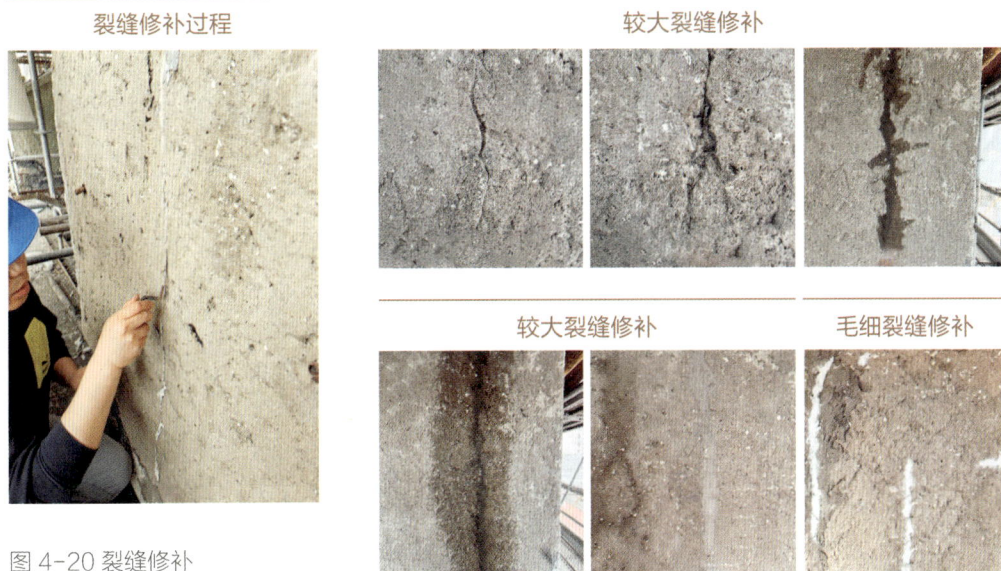

图 4-20 裂缝修补

较大裂缝修补

较大裂缝修补

毛细裂缝修补

（6）装饰抹灰面层损坏

一般情况下，装饰抹灰面较为脆硬，可采用铁板等工具，将装饰抹灰面层铲除，再做水泥装饰抹灰即可。

（7）基层（刮糙层）起壳损坏

刮糙层损坏一般应将刮糙层铲除，通常先用切割机将起壳与周边划分开来，再用铲刀将起壳的刮糙层铲除至基层，俗称斩粉。抹灰前需将基层上的尘土、污垢、灰尘等清除干净，并浇水均匀湿润，粉刮糙层时要控制刮糙层的厚度，一般一次抹灰不得超过10mm。

4.3.4 修缮效果及质量评定

（1）修缮后的装饰抹灰面应不掉粉、不起皮、不漏刷。修复采用的装饰抹灰其底层及面层的成分、颜色、质感、物理性能、透水汽性能应符合设计要求，且与验收确认样板面一致。

（2）修缮后的装饰抹灰应整洁，其色感、肌理与整体平整度应与修复保留的原装饰抹灰面层相协调（图 4-21、图 4-22）。

图 4-21 拉毛灰饰面修缮后照片

图 4-22 鱼鳞状的拉毛墙面

4.4 特色工艺

4.4.1 特色花饰抹灰

花饰抹灰是指在水泥抹灰底层的基层上，用芦苇排、鬃刷等工具将泥浆抹出花饰图案，或手刮出弧纹、线条纹、波浪纹等各种形式，干燥凝固后形成丰富的装饰效果。

4.4.2 特色抹灰修缮

特色抹灰修缮主要指水泥花饰、窗间构造等部位。

4.4.2.1 窗盘抹灰

涂好砂浆，窝好引条，用钢筋或竹片夹牢，再用铁板压光压平（图4-23）。

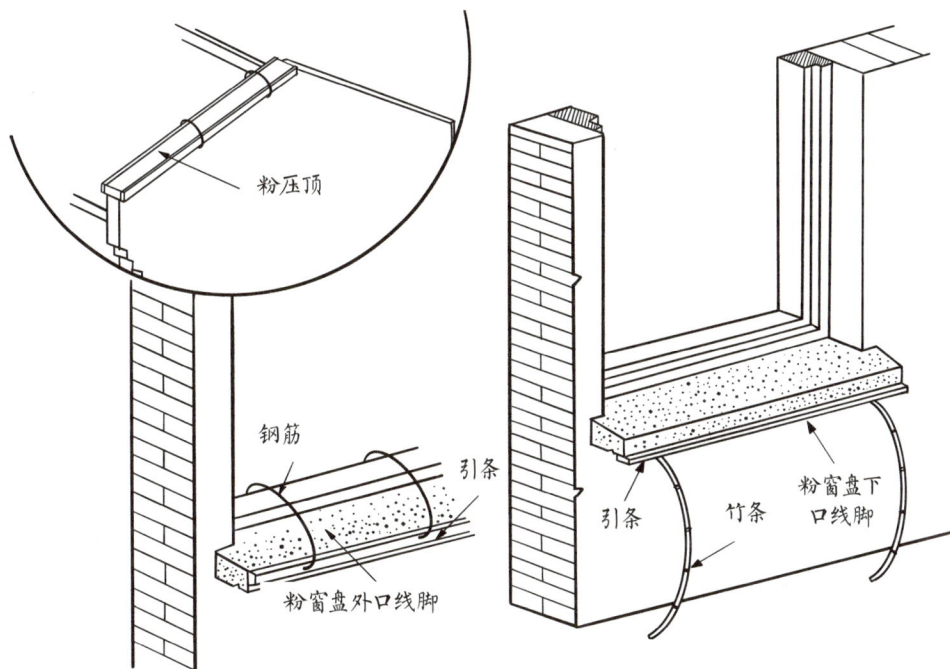

图 4-23 粉窗盘示意图

4.4.2.2 水泥花饰制作修缮

（1）清理基层，喷水湿润。根据设计要求，在做花饰的部位，绘出花饰外轮廓线，依此用木直尺做出标准线。根据花饰(线脚)形状和大小，用硬木制滑模模具，其表面满包铁皮，以使做出的花饰表面光滑。

（2）分层制作花饰（线脚）：水泥、石灰、黄砂按1:1:1（1:1:2\1:1:4\1:1:6）的比例拌合成浆，薄薄粉一层，作花线底层，再用预先制好的滑模工具，分层沿木直尺（标准线）向前推移（不能往后推），拉出线脚花饰。

4.4.2.3 现制花饰修缮

依其损坏情况的不同，其修缮做法分别如下：

（1）花饰全部损坏，铲除基层，清理干净，按原式样重做；

（2）水泥花饰局部损坏，将损坏部分清除干净，撒水湿润，刷界面剂一道，按规定修缮。

4.5 典型案例分析

4.5.1 项目概况

光复路127号（光三分库）（图4-24），建于1931年，建筑面积4637m²，为上海市第五批优秀历史建筑（三类）。光复路127号原称"北四行"，原福康、福源钱庄及仓库，后为金城银行、中南银行、大陆银行及盐业银行的联合仓库，现为四行仓库"光三分库"。

图4-24 光复路127号全景图

仓库的立面为现代主义建筑风格，局部作简洁的装饰艺术派风格装饰。立面清水红砖、水泥抹灰白柱，柱间横向长条高窗，具有典型仓储建筑风格。 原设计仓库在南面设置主出入口、楼梯间通廊作主要交通空间，两侧分层设置仓储空间，南北向连通，布局高效科学。同时，针对交通和仓储不同的使用要求，结构采用梁柱框架结构体系，反映了现代建筑功能主义特点。建筑平面大致呈梯形，南立面为弧形，房屋中部偏西处设南北向伸缩缝将房屋分为东、西两个结构单元。两个结构单元各设置一部楼梯，西侧单元另设一部电梯。房屋外墙及内部墙体主要采用烧结普通砖砌筑。

房屋南、北立面为外部重点保护部位，本工程涉及对建筑外立面进行保护修缮。

4.5.2 修缮技术

本工程外立面装饰线及立柱经初步清洗，原为黄砂水泥抹灰，颜色偏黄，面层存在裂缝及空鼓现象。历次修补采用水泥砂浆，有修补痕迹，黄砂水泥抹灰墙面开裂、缺损、局部风化、表面有白色涂料（图4-25）。

黄砂水泥抹灰墙面开裂、缺损　　　　　黄砂水泥抹灰墙面表面刷白色涂料

图 4-25 黄砂水泥外墙现状

本工程的水泥压顶为木蟹打毛的粉刷面，存在严重空鼓、开裂，有较大的安全隐患，因此采用了"铲除重做"的方案对该部位的水泥粉刷进行修缮。修缮前，先湿润水泥粉刷的刮糙基层，在墙面窝好引条，固定模具。按照原水泥色调制水泥粉刷砂浆。再按照工序进行"砂浆的涂抹、刮平、压实、抹光"等工序，待水泥初凝时用清水适当冲洗模仿周边粉刷的肌理效果（图4-26）。

准备工具、材料

拌制水泥

固定模具

抹水泥

抹光

压实

刮平

冲洗

图 4-26 黄砂水泥外墙修缮

4.5.3 修缮前后对比（图 4-27）

南立面抹灰修缮前

南立面抹灰修缮后

东立面抹灰修缮前

东立面抹灰修缮后（外窗恢复）

图 4-27 修缮前后对比

第 5 章

石碴抹灰饰面保护修缮工艺

石碴抹灰作为装饰抹灰的一种，也是传统的外墙装饰方法，它通过在水泥砂浆中掺入各种彩色石碴作骨料，配制成水泥石碴浆抹于墙体基层表面，然后用水洗、斧剁、水磨等手段除去表面水泥浆皮，呈现出石碴颜色及其质感的饰面。这种装饰手法能够使建筑物的外墙具有独特的质感和色彩效果。

石碴抹灰，除了具有外墙抹灰的特点外，材料的质感、肌理等装饰效果表现特别突出。石碴抹灰，根据使用材料、施工方法、装饰效果的不同，可以分为水刷石、斩假石、水磨石、鹅卵石、干粘石和机喷石粒等，这种装饰抹灰不仅能够满足建筑物的美观需求，还能提供一定的保护功能。

本章节将分析上海历史建筑中石碴抹灰饰面的常见类型、工艺特点、传统工艺及修缮要点，并对特色工艺进行阐述，结合典型案例分析，提出历史建筑外墙石碴抹灰科学的保护修缮方法。

5.1 常见类型和工艺特点

5.1.1 常见类型

5.1.1.1 水刷石

水刷石的制作方法是将水泥、石屑、小石子等加水拌合，抹在外墙表面，半凝固后用硬毛刷蘸水刷去表面水泥浆而使石屑或小石子半露（图5-1～图5-3）。在外墙饰面的制作中，也有通过选用不同色泽、粒径、质感的石屑、石子或掺入颜料等实现不同的肌理和装饰效果。

水刷石除了具有仿石效果好、易于加工、造价便宜等优势外，还可采用塑形、翻模、预制等手段制作安装。因其便于人工塑造的特点，非常适合制作复杂的花饰。

以建成于1923年的四川中路卜内门大楼为例，这座新古典主义建筑的壁柱柱头、檐口、山花等细部装饰工艺精细、层次丰富，可谓是水刷石新古典主义外墙装饰的精品。

此外，水刷石工艺还可以通过在砂浆中添加颜料而产生不同的外墙色彩效果，最为典型的实例是建于1954年的原中苏友好大厦（今上海展览中心）。在大厦外墙的水刷石砂浆中掺加了淡黄色的颜料,配以米白色方解石,使整个外墙都呈现出柔和的淡黄色效果。

图5-1 四川中路卜内门洋碱公司大楼新古典主义水刷石装饰和细部

图 5-2 中苏友好大厦淡黄色水刷石饰面

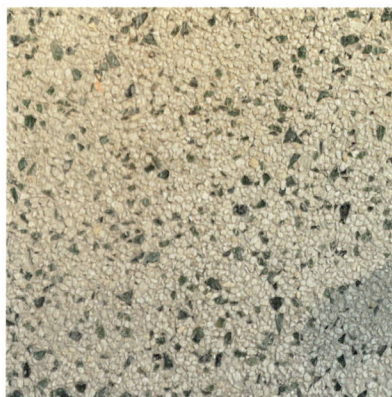

图 5-3 掺杂碎玻璃渣的水刷石饰面

5.1.1.2 斩假石

斩假石是一种对凝固后的水泥石屑砂浆，进行斩琢加工制成的仿石类抹灰饰面。制作时，用水泥作胶结材料、天然石屑作骨料，与水、颜料一起拌合成砂浆，抹在建筑物的表面或塑制成建筑装饰构件，等它凝固并有了一定强度以后，再用斩斧、凿子等工具进行斩琢加工。砂浆表面经过人工细心斩琢，产生剥落，形成凹凸刃纹，露出天然石屑颗粒，很像天然石料。用它作为建筑饰面材料可以保护建筑物免受大气侵蚀，并具有很好的装饰效果。同天然石料相比，施工方便、造价低廉。通过采用不同的骨料和配合比，或者掺入不同的颜料，可以制成仿花岗石、玄武石、白云石和青条石等几种斩假石（图 5-4、图 5-5）。

图 5-4 上海外滩美术馆斩假石饰面　　图 5-5 斩假石窗套

由于斩假石系人工斧剁而成，手工工作量大，常见于窗台、勒脚、柱子、栏杆等。例如 1929 年建成的华懋公寓（今锦江饭店北楼）大楼，窗户采用钢框架结构，其窗套外口使用斩假石；西藏中路 316 号沐恩堂柱子及楼层栏杆都采用斩假石饰面（图 5-6~图 5-8）。

图 5-6 锦江饭店北楼

图 5-7 斩假石窗套——锦江饭店北楼

图 5-8 斩假石栏板——西藏中路 316 号沐恩堂

5.1.1.3 卵石

卵石墙面，罩面多采用泥纸筋或水泥石灰膏，泥纸筋为优质纸筋石灰膏掺入适量黏土。当罩面的泥纸筋应足够湿润，用手指轻轻一揿，存有明显凹印时，即可用双手捧起卵石向墙面摔甩，并用木板拍击，卵石的二分之一以上要嵌入泥纸筋内，遇有空隙要补甩或补嵌，至墙面填满卵石为止。卵石饰面建筑多见于原法租界，如思南路 73 号周公馆外墙立面采用卵石饰面，但在其他建筑中也常有应用，如淮海中路 1284 号住宅和南昌路 47 号科学会堂外墙也曾使用，还有少量建筑采用有棱角的碎石块做饰面，其工艺接近卵石饰面，但因其选用石块的差异使其具有特殊的装饰效果（图 5-9、图 5-10）。

图 5-9 卵石外墙——南昌路 47 号科学会堂外墙

图 5-10 卵石外墙细节——淮海中路 1284 号住宅外墙

5.1.2 工艺特点

5.1.2.1 水刷石饰面

在水刷石的传统工艺中,抹底浆操作应根据基层的类型(中层抹灰通常有"软底脚"、"硬底脚"之分)选择底浆材料。常用的"硬底脚"为 1:3 的水泥砂浆,"软底脚"为纸筋石灰膏、黄砂、水泥。抹面层用石碴浆时,一般由上而下进行。待半凝固时,用清水冲洗或刷子蘸水刷到面层至石子半露(图 5-11~图 5-14)。

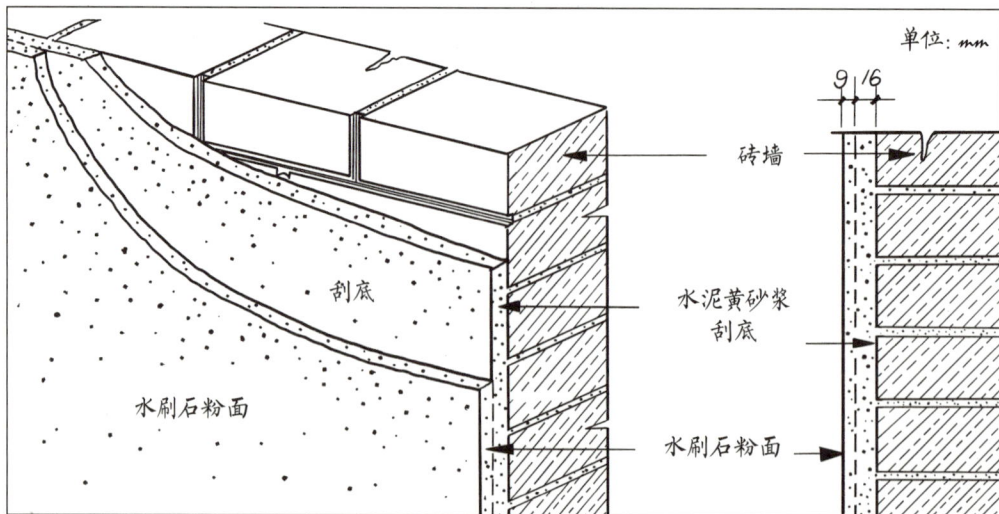

图 5-11 水刷石外墙构造示意图

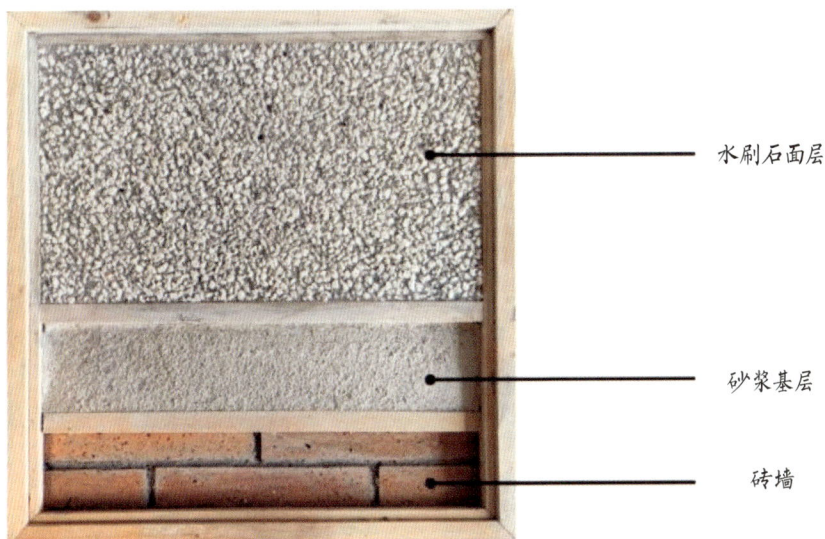

　　　　　　　　　　　　　　　　　　　　　　　　　　水刷石面层

　　　　　　　　　　　　　　　　　　　　　　　　　　砂浆基层

　　　　　　　　　　　　　　　　　　　　　　　　　　砖墙

图 5-12 水刷石小样构造

图 5-13 水刷石勒脚

图 5-14 水刷石装饰

　　而在水刷石外墙修缮工艺中，常收集现场水刷石块，分析出其原始石子、水泥、黄砂配比，根据原始配比进行修缮复原（图 5-15）。

5.1.2.2 斩假石外墙

　　在斩假石传统工艺中，斩假石外墙为石屑砂浆抹灰，由水泥和石屑按一定配合比，再加少许水混合而成。

粒径（mm）	常用品种	质量要求
<2 2~4 4~6 6~8 >8	白云山、方解石、花岗石等	1. 颗粒坚韧有棱角、洁净，不得含有风化的石粒； 2. 使用时应冲洗干净； 3. 彩色石碴的产地、色彩、质地应符合设计要求； 4. 颜料添加不得超过总水泥重量的10%

图 5-15 彩色石碴常用品种、质量要求与粒径

斩假石最重要的一步为面层斩琢，斩琢应自上而下进行，首先将四周边缘和棱角部位仔细剁好，斩琢角度应与边缘垂直，每刀宽度不大于 30mm，长约 100mm，且每边刀数不少于 20 刀；随后再剁中间大面，中间纹理一般有荔枝面、顺纹面、乱纹面等，应根据不同纹理采用不同工具和方式进行处理（图 5-16、图 5-17）。

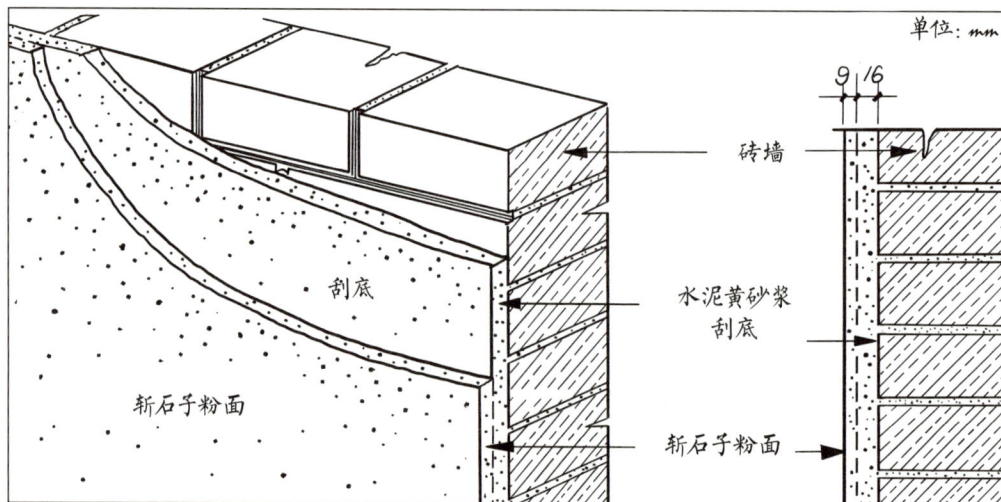

单位：mm

砖墙

水泥黄砂浆刮底

斩石子粉面

刮底

斩石子粉面

图 5-16 斩假石外墙面抹灰详图

图 5-17 斩假石造型柱

5.1.2.3 卵石外墙

　　传统卵石工艺，重中之重的步骤为甩卵石，其甩出的角度、力度及要点，完全决定了卵石外墙施工的最后效果。甩出的卵石能否很好地黏结在砂浆上，还与黏结砂浆的类型有关。当黏结砂浆为硬底脚时，反弹力大，此时对于甩的力度的掌控，就更加严格。当黏结砂浆为软底脚时，反弹力小，甩卵石的效果更容易掌控（图 5-18~图 5-20）。

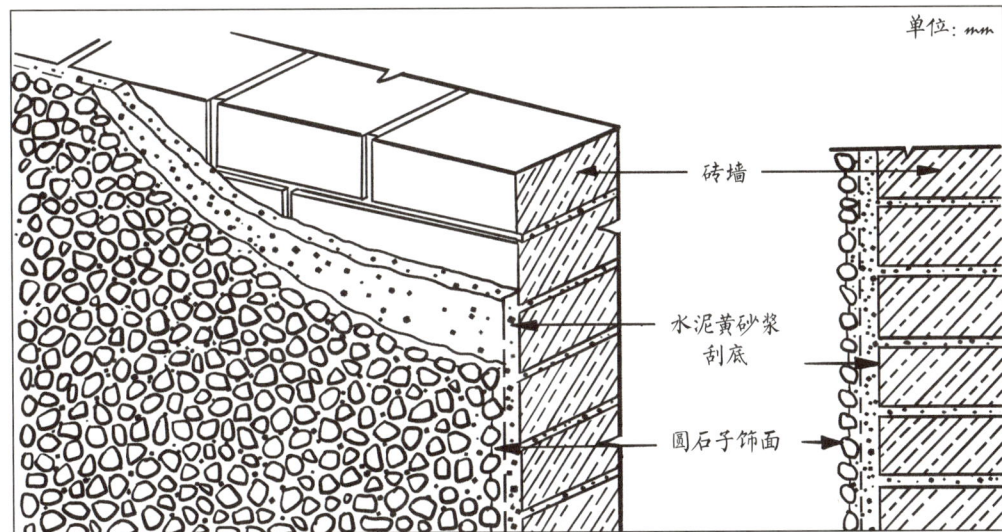

图 5-18 卵石外墙构造示意图

小鹅卵石面层

砂浆基层

砖墙

图 5-19 卵石小样构造

图 5-20 卵石外墙饰面

对于卵石外墙的修缮工艺，首先需要对涂鸦、油漆、锈斑等污染进行清洗；对于零星脱落、损坏，原则上不予处理，保留历史痕迹。当需要修补时，应从嵌条位置整块割除，按照传统工艺，进行成幅或整面修缮。利用原墙面凿落卵石时，应清洗干净。

5.2 传统施工工艺

5.2.1 水刷石外墙施工工艺

5.2.1.1 传统工艺流程

基层处理→抹底层砂浆→弹线分格、粘钉分格条→抹面层砂浆。

5.2.1.2 施工要点

（1）基层处理

清理基层抹底灰：将墙面基层浮土清扫干净，并充分洒水湿润。

（2）抹底层砂浆

为使底灰与墙体黏结牢固，应先刷水泥浆一遍，随即用 1∶3 水泥砂浆打底，传统一般为软底脚，厚度为 12mm。

（3）弹线分格、粘钉分格条

分格弹线必须以原有墙面的分仓尺寸为准，确保修缮后尺寸完全一致。

根据图纸要求弹线分格、粘钉分格条，分格条宜采用红松制作，粘前应用水充分浸透，粘时在条两侧用素水泥浆抹成 45°八字形坡，粘钉分格条时注意竖条应粘在所弹立线的同一侧，防止左右乱粘，出现分格不均匀，条粘好后待底层灰呈七八成干后可抹面层灰。

（4）抹面层砂浆

面层抹灰应在底层硬化后进行，一般先薄薄刮一层 1mm 素水泥浆，随即用钢抹子抹水泥石碴浆，根据石子粒径大小，面层水泥石碴浆可采用 8~12mm 厚 1∶1 水泥大石碴罩面、1∶1.25 水泥中石碴罩面或 1∶1.5 水泥小石碴罩面。抹完一块后用直尺检查，及时增补。每一分格内从下边抹起，边抹边拍打揉平。特别要注意阴、阳角水泥石碴的涂抹，要拍实，避免出现黑边。

面层开始凝固时，即用刷子蘸水刷掉（或用喷雾器喷水冲掉）面层水泥浆至石子外露。

（5）起分格条、勾缝、养护

喷刷完成后，待墙面水分控干后，小心将分格条取出，然后根据要求用线抹子将分格缝溜平抹顺直。

（6）养护

面层达到一定强度后，可喷水养护防止脱水、收缩造成空鼓、开裂。

5.2.2 斩假石外墙施工工艺

5.2.2.1 传统工艺流程

基层处理→抹底层砂浆→抹中层砂浆→饰面层分块→抹面层石碴→浇水养护→面层斩琢（剁石）→起条、勾缝。

5.2.2.2 施工要点

（1）基层处理

首先，应做好墙面的清理修缮工作，墙面上的孔眼或设备安装后的缝隙，应在抹灰前 7 天用砖和水泥砂浆堵砌平实，以免临时修堵来不及干燥，而影响到假石层的颜色深淡不均，尤其是彩色斩假石更应注意。因为颜色砂浆抹上后，其色彩由湿到干有个由深变淡的转变过程，如果个别部位的基层潮湿，其色彩就会停留于深色而不变，即使干透后其颜色也不能一致，这就会影响墙面的美观。为了缩短工程进度，也可在前一天将干燥的砖表面尘土刷净，然后用水刷湿再用稠度适当的砂浆修堵，这样既能牢固砌体又能使其很快干燥。

（2）抹底层砂浆

底层抹灰施工前，必须用喷壶将墙面均匀地浇水润湿，抹灰时用铁板使劲刮抹，使砂浆与墙面达到严密结合。底层要适当控制厚度，并保持表面平整并拉毛，以利与中层结合。

抹灰砂浆的稠度，应按使用位置和不同基层来确定。譬如砖墙面的吸水性较强，应采用稠度较稀的砂浆；混凝土面层的吸水性差一些，砂浆就应稠一些；如用于混凝土挑檐、顶棚的砂浆就不宜过稀，太稀了抹制时会因砂浆自重下坠而产生脱底下淌。因此，在选用配合比的同时，对砂浆的稠度也应作出严格规定。一般斩假石工程应用的砂浆稠度见表5-1。

斩假石砂浆稠度要求 表5-1

序号	灰层名称	砂浆种类	墙面				顶棚及挑檐底		分层控制厚度（mm）
			沉入度（cm）		砂粒限度（mm）		沉入度（cm）	砂粒限度（mm）	
			砖墙面	混凝土面			混凝土面	混凝土面	
1	底层	水泥砂浆	10~12	7~8	0.3~2.5		5~7	0.3~1.2	底层每次厚度不超过5
2	中层（找平层）	水泥砂浆	7~8	7~8	0.3~2.5		4~5	0.3~1.2	中层每次不超过5 装饰线每次不超过10
3	黏结层	纯水泥浆	3~5	3~5	–		3~5	–	黏结层为1~2
4	面层	石屑砂浆	5~6	5~6	0.3~5		4~5	0.3~2.5	面层一次抹成厚度为8~10

（3）抹中层砂浆

抹中层就是抹找平垫层，需在底层凝固后（约隔一天）进行。为保证墙面平直，确保抹灰层厚度，应先做好灰层厚度的标记。其方法是，在每个立墙面的上下四角，按规定厚度用砂浆抹成大小约100mm见方的样块，再以样块为依据横竖拉上统线，在统线中间，每隔1.2~1.5m也抹成样块，然后按照样块表面的高度抹成宽约80mm的竖向出柱头，待其稍硬固后，以出柱头为标准由上而下地逐层抹制砂浆，并用木制直尺杆校正刮平，接着用铁板压实，再用木蟹打抹平整并拉毛成毛糙状态。

墙面的阴阳角，应用线锤校准垂直度，阴角可使用阴角器抹制，阳角使用木制直尺作靠尺，必须达到上下垂直平正。

（4）饰面层分块

为防止饰面层施工时因中间的停歇，出现接碴缝，达到美观的目的，一般都是采取墙面分块来解决。分块的大小，应按建筑物立面各部位的尺寸比例来确定。施工前应按设计要求，在复核建筑物各部位的实际尺寸后绘制立面分块施工详图并注出分块的准确尺寸（图 5-21）。

施工时的操作方法是：①按照施工详图分块划分的尺寸，由上而下地在找平层表面上用粉线袋弹出水平线，然后在水平线上准确地量分出每块宽度的间距，再用线锤挂直后按分块弹上垂直线，经过检验后方可进行下道工序。②镶贴木线条。木线条是施工时用来按分块要求分隔饰面层的楔形小木条，其尺寸大小应按设计要求而定，通常使用的尺寸是，外口宽 15~20mm、里口宽 10~15mm、厚度为 8~10mm。由于木线条的断面小，在镶贴时受灰浆水分浸湿后易翘曲变形，因此，需用受水浸变形少的优质红松木材。木线条的规格必须一致，表面要光滑，每根料的长度可选用 2m 左右，以便按需要长度来截接（图 5-21）。

为使木线条柔软，易于平伏地贴在垫层上，使用前需在水中浸泡约 1h 以上使其湿润。木线条的镶贴应由上而下、先横后竖地按顺序进行。使用纯水泥浆做胶结材料，镶贴时将水泥浆抹在木线条狭面，厚度约 4mm，接着将木线条按分格线贴上，并均匀地按压一下，

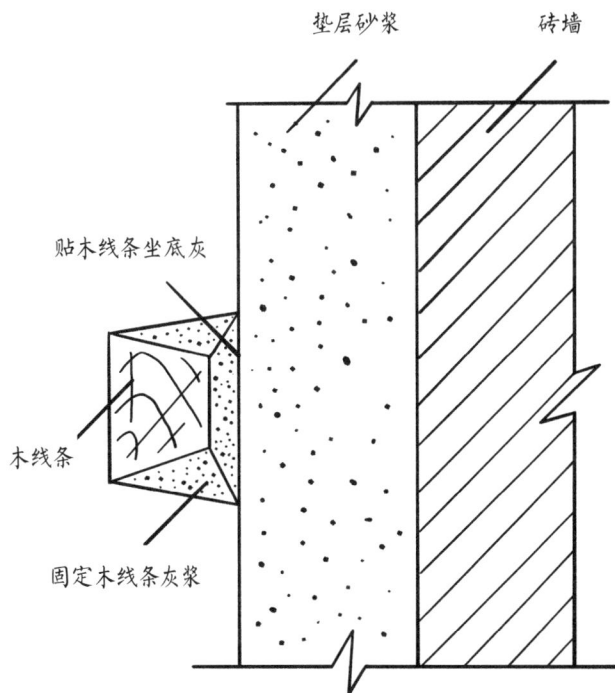

图 5-21 假石层分块木线条镶贴法

使水泥浆往两边挤出至厚度约 2mm 为止。校正平直后，再用水泥浆在木线条两侧面抹成楔形，这样贴线条的工序就完成了。待水泥浆凝固后（隔一天）就可进行抹面层工序。

（5）石屑抹面层

常用斩假石面层石屑砂浆配合比如表 5-2 所示。

斩假石面层石屑砂浆配合比　　　　　　　　　　表 5-2

序号	斩假石类别	材料名称与配合比（体积比）						掺入骨料	
		水泥			花岗石屑		白云石屑		煤棱	
		品种	强度等级（级）	数量	颗粒限度（mm）	数量	颗粒限度（mm）	数量	颗粒限度（mm）	掺入量（%）
1	花岗石	矿渣硅酸盐	32.5	1	0.3 ~ 4	2	–	–	3 ~ 5	2
2	花岗石	普通硅酸盐	32.5	1	0.3 ~ 5	2.2	–	–	3 ~ 5	3
3	花岗石	普通硅酸盐	32.5	1	–	–	0.3 ~ 4	2	2 ~ 4	5
4	白云石	矿渣硅酸盐	32.5	1	–	–	0.3 ~ 5	2		
5	白云石	普通硅酸盐	32.5	1	–	–	0.3 ~ 5	1.9		
6	咖啡色	火山灰质（赤页岩）硅酸盐	32.5	1	0.3~4	2	–	–	3 ~ 4	10
7	黄、绿浅彩色	石灰石砂性土纯白硅酸盐	32.5	1	–	–	0.3 ~ 5	1.8		

注：1. 煤菱用量系指与石屑的比例。表中石屑用量已包括煤棱掺入量在内。

2. 彩色假石的着色剂用量，应按设计色彩及颜料性质试配而定，故未列入表内。一般颜料掺入量为水泥重量的 1% ~ 5%，不得超过 15%。

石屑砂浆因骨料颗粒较粗，黏结性差，并且由于垫层水泥砂浆已硬固，其吸水性弱，砂浆抹上后易于下淌。为弥补这个缺点，可在垫层上抹一层纯水泥浆作为黏结层。抹面层应由上而下逐格平行下退，首先用水润湿垫层，用铁板将纯水泥浆按分块逐块地在垫层上刮抹均匀，在黏结层未干时，将石屑砂浆按木线条厚度压实抹平。

为了消除假石面层因铁板所形成的波痕，给斩琢工序创造条件，应在面层抹成并待砂浆略收水分后，视其干湿程度，一手执毛刷帚向砂浆面层洒水，一手使用木蟹"先左右、而后上下"进行打磨，直至其表面平整为止。待砂浆强度达到5MPa时，就可进行试斩工序，若石屑颗粒不发生脱落，即可进行斩琢加工。

（6）浇水养护

当面层抹灰完成后，养护成为首要任务，如果养护不好，会直接影响工程质量，施工时要特别重视这一环节，应设专人负责此项工作，并做好施工记录。夏日防止暴晒，冬日防止冰冻。

（7）面层斩琢（剁石）

一般墙面分块假石的斩琢，大多数是先用斩斧将块体四周斩成宽约15~30mm的平行纹圈边后，中间部分再斩成棱点或垂直纹。斩琢的顺序应由上而下、由左到右地进行，斩完一行再斩下行。斩琢时落斧轻重一致，使刃纹深浅保持大致相同，使得纹路清晰均匀。每斩成一行随时将上面和竖向的分块木线条取出，并检验分块缝内的灰浆是否饱满严密，若有缝隙或小孔，应由抹灰工及时用纯水泥浆修补平整，以防止雨水渗入发生面层起鼓脱落事故。

斩假石斩琢的方法概括起来，可以分为粗刃加工和细刃加工两种。所谓粗刃与细刃的区别，主要是装饰构件设计要求的形状不一样，斩琢应用工具和斩制的方法也不同，而使斩琢成的产品刃纹有粗细之分。

粗刃加工：多数是应用于建筑物勒脚及一阶腰线以下部位的墙面，其斩琢工具有尖头锥子、棱点锤、齿凿、齿斧、斩斧及手锤等。图5-22是采用粗刃加工的墙面分块假石示意图。这种块体的中间部分，是用尖头锥子、齿凿或棱点锤敲琢而成。因此，其表面成为凹凸不平而深浅又大致相同的粗糙状态。用这种方法加工的假石块体的特点是，粗壮有力、浑厚朴实，看上去很像天然石头的粗凿制品。

细刃加工：适用于一般平墙面和雕塑装饰构件。其斩琢工具有大小斩斧、大小扁凿、弧形扁凿、小型尖头锥和手锤等。这种斩琢加工，用于一般墙面时，块体的中间部分均斩成垂直纹。其纹路要平行、垂直，上下各行之间均匀一致。用于墙面浮雕花饰时，刃纹要随花纹走势而变化。图5-23是斩假石墙面块体上的一个浮雕花饰。这个花饰的花瓣尖端是向里卷曲的，花蕊是由大小不同的半圆粒所组成。为适应装饰构件各部不同形态的需要，就不能一律采取横平竖直的刃纹了，必须用扁凿、小尖头锥子按其花纹的形状和延伸方向琢凿成不同的刃纹，在花饰周围的平面上须用斩斧或扁凿斩琢成垂直纹，四边应斩成横平竖直的圈边。经过这样不同刃纹的处理，看起来刃纹细致清楚，底板与花饰清晰醒目。

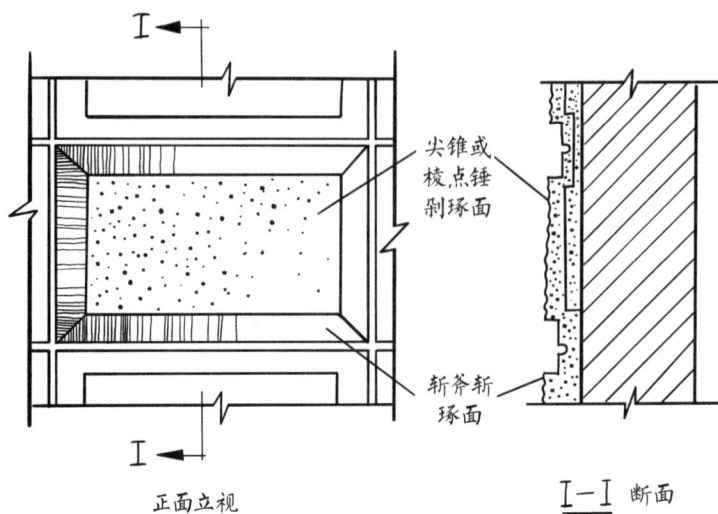

尖锥或
棱点锤
剔琢面

斩斧斩
琢面

正面立视　　　　　　　Ⅰ—Ⅰ 断面

图 5-22 墙面斩假石粗刃加工示意图

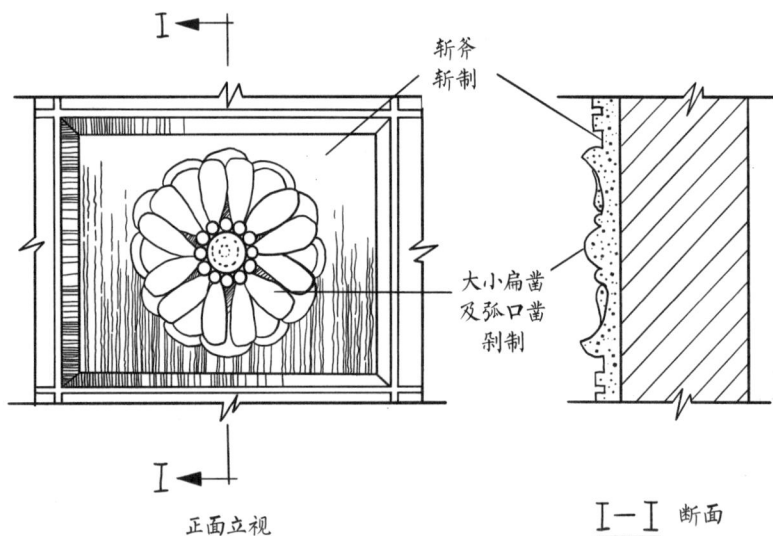

斩斧
斩制

大小扁凿
及弧口凿
剔制

正面立视　　　　　　　Ⅰ—Ⅰ 断面

图 5-23 艺术浮雕细刃加工示意图

进行面层斩琢（剁石）时需注意以下施工要点：

① 掌握斩琢时间，在常温下经 3 天左右或面层达到设计强度 60%~70% 时即可进行，大面积施工应先试剁，以石子不脱落为宜。

② 斩琢前应先弹顺线，并离开剁线适当距离按线操作，以避免剁纹跑斜。

③ 斩琢应自上而下进行，首先将四周边缘和棱角部位仔细剁好，斩琢角度与边缘垂直，每刀宽度不大于30mm，每边长100mm，且每边刀数不少于20刀。随后再剁中间大面，中间纹理一般有荔枝面、顺纹面、乱纹面等，应根据不同纹理采用不同工具和方式进行处理。若有分格，每剁一行应随时将上面和竖向分格条取出，并及时将分块内的缝隙、小孔用水泥浆修补平整。

④ 斩琢时宜先轻剁一遍，再盖着前一遍的剁纹剁出深痕，操作时用力均匀，移动速度一致，不得出现漏剁。

⑤ 柱子、墙角边棱斩琢时，应先横剁出边缘横斩纹或留出窄小边条（边宽3~4cm）不剁。剁边缘时应使用锐利的小剁斧轻剁，以防止掉边掉角，影响质量。

⑥ 用细斧斩琢墙面花饰时，斧纹应随剁花走势而变化，严禁出现横平竖直的剁斧纹，花饰周围的平面上应剁成垂直纹，边缘应剁成横平竖直的围边。

⑦ 用细斧剁一般墙面时，各格块体中间部分应剁成垂直纹，纹路相应平行，上下各行之间均匀一致（图5-24~图5-26）。

⑧ 斩琢完成后面层要用硬毛刷顺剁纹刷净灰尘，分格缝按设计要求和施工样板做归正。

⑨ 斩琢深度一般以石碴剁掉1/3比较适宜，这样可使剁出的假石成品美观大方。

（8）起条、勾缝

前工序全部完成，检查无误后，随即将分格条、滴水线条取出。取分格条时要认真

图5-24 斩琢工具

图5-25 斩假石斩琢

图 5-26 斩假石效果

小心，防止将边棱碰损，分格条起出后用抹子轻轻地按一下粘石面层，以防拉起面层造成空鼓现象。然后待水泥达到初凝强度后，用素水泥膏勾缝。格缝要保持平顺挺直、颜色一致。

5.2.3 卵石外墙施工工艺

5.2.3.1 传统工艺流程

基层处理→做塌饼、出柱头→抹底层砂浆→抹黏结层砂浆→撒卵石粒→拍平、修整→喷水养护。

5.2.3.2 施工要点

（1）基层处理

抹灰前需将基层上的尘土、污垢、灰尘等清除干净，并浇均匀湿润后抹黏结层砂浆。

（2）做塌饼、出柱头

抹灰前，在墙面的四角敲钉挂线，确定刮糙厚度。在挂好麻线处用灰浆做一块塌饼，塌饼的厚度不要碰着麻线。

出柱头：先在上下塌饼之间括灰浆，再用长直尺把灰浆括至与塌饼厚度一致，像一根柱头。

（3）抹底层砂浆

用 1∶3 水泥砂浆抹底灰，分层抹平，用木杠刮平，木抹子压实、搓毛，待终凝后浇水养护。

（4）抹黏结层砂浆

为保证黏结层质量，抹灰前应用水湿润墙面，黏结层厚度以所使用石子粒径确定，抹灰时如果底面有干得过快的部位应再补水湿润，然后抹黏结层。抹黏结层宜采用两遍抹成，第一遍用同强度等级水泥素浆薄刮一遍，保证结合层黏牢，第二遍抹 1∶1∶3 纸筋石灰混合砂浆。然后用靠尺测试，严格按照高刮低添的原则操作，否则，易使面层出现大小波浪造成表面不平整影响美观。在抹黏结层时宜使上下灰层厚度不同，并不宜高于分格条，最好是在下部约 1/3 高度范围内比上面薄些。整个分格块面层比分格条低 1mm 左右，石子撒上压实后，不但可保证平整度，且条边整齐，而且可避免下部出现鼓包皱皮现象。

（5）撒石粒（甩卵石）

当抹完黏结层后，待砂浆初凝前，一手拿装石子的托盘，一手用木拍板向黏结层甩卵石子。要求甩严、甩均匀，并用托盘接住掉下来的石粒，甩完后随即用木抹子将石子均匀地拍入黏结层，石子嵌入砂浆的深度应不小于粒径的 1/2 为宜，并应拍实、拍严。操作时要"先甩两边，后甩中间"，从上至下快速均匀地进行，甩出的动作应快，用力均匀，不使石子下溜，并保证左右搭接紧密，石粒均匀。甩石粒时要使拍板与墙面垂直平行，让石子垂直嵌入黏结层内，如果甩时偏上偏下、偏左偏右则效果不佳，石粒浪费也大，甩出用力过大会使石粒陷入太紧形成凹陷，用力过小则石粒黏结不牢，出现空白不宜添补，动作慢则会造成部分不合格，修整后容易出现接槎痕迹和"花脸"。阳角甩石粒，可将薄靠尺粘在阳角一边，选做邻面干黏石，然后取下薄靠尺抹上水泥腻子，一手持短靠尺在已做好的邻面上，一手甩石子并用钢抹子轻轻拍平、拍直，使棱角挺直。

门窗、阳台、雨篷等部位应留置滴水槽或倒扎口，其宽度深度应满足设计要求。粘石时应先做好小面，后做大面。

（6）拍平、修整

拍平、修整要在水泥初凝前进行，先扣压边缘，而后中间，拍压要轻重结合、均匀一致。拍压完成后，应对已粘石面层进行检查，发现阴阳角不顺挺直、表面不平整、黑边等问题，及时处理。

（7）喷水养护

卵石面层完成常温 24h 后喷水养护，养护期不少于 2~3 天，夏日阳光强烈，气温较高时，应适当遮阳，避免阳光直射，并适当增加喷水次数以保证工程质量。

5.3 修缮施工工艺

5.3.1 修缮流程

面对石碴装饰外墙损伤时，首先采用低压清水冲洗，检查各类石碴抹灰装饰外墙的空鼓，开裂现象；其次，选用同质同色类材料进行专项修复，根据实际损坏程度进行铲除重做或局部裂缝修补。

5.3.1.1 水刷石饰面（图 5-27）

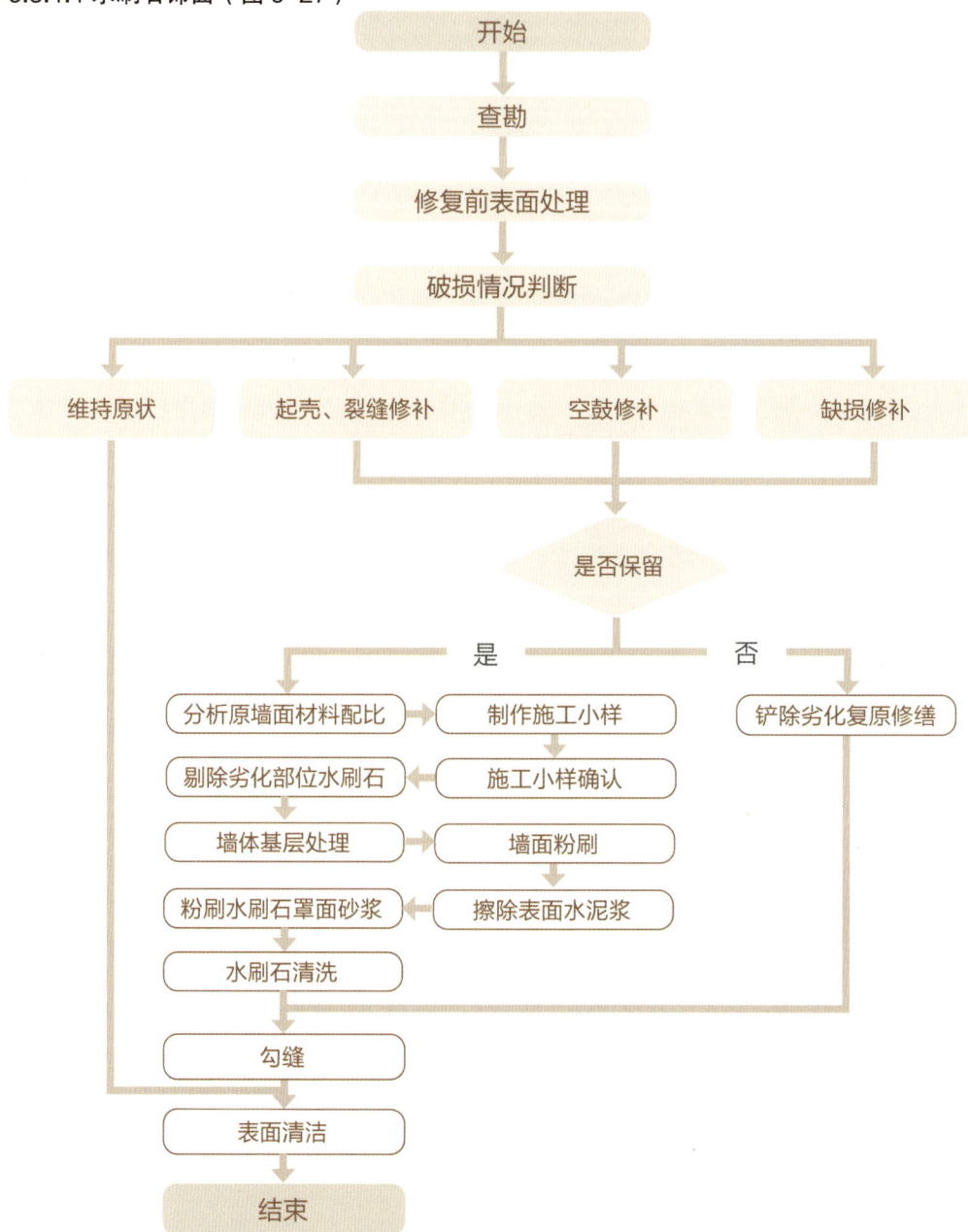

```
                        开始
                         │
                        查勘
                         │
                     修复前表面处理
                         │
                     破损情况判断
          ┌──────────┬──────────┼──────────┐
       维持原状   起壳、裂缝修补   空鼓修补   缺损修补
          │          └──────────┼──────────┘
          │                      │
          │                  是否保留
          │              是 ┌────┴────┐ 否
          │                 │         │
     ┌────┼─────────────────┤         │
  分析原墙面材料配比 → 制作施工小样   铲除劣化复原修缮
  剔除劣化部位水刷石 ← 施工小样确认
  墙体基层处理    →  墙面粉刷
  粉刷水刷石罩面砂浆 ← 擦除表面水泥浆
  水刷石清洗
          │
        勾缝
          │
       表面清洁
          │
        结束
```

图 5-27 水刷石饰面修缮流程

5.3.1.2 斩假石外墙（图 5-28）

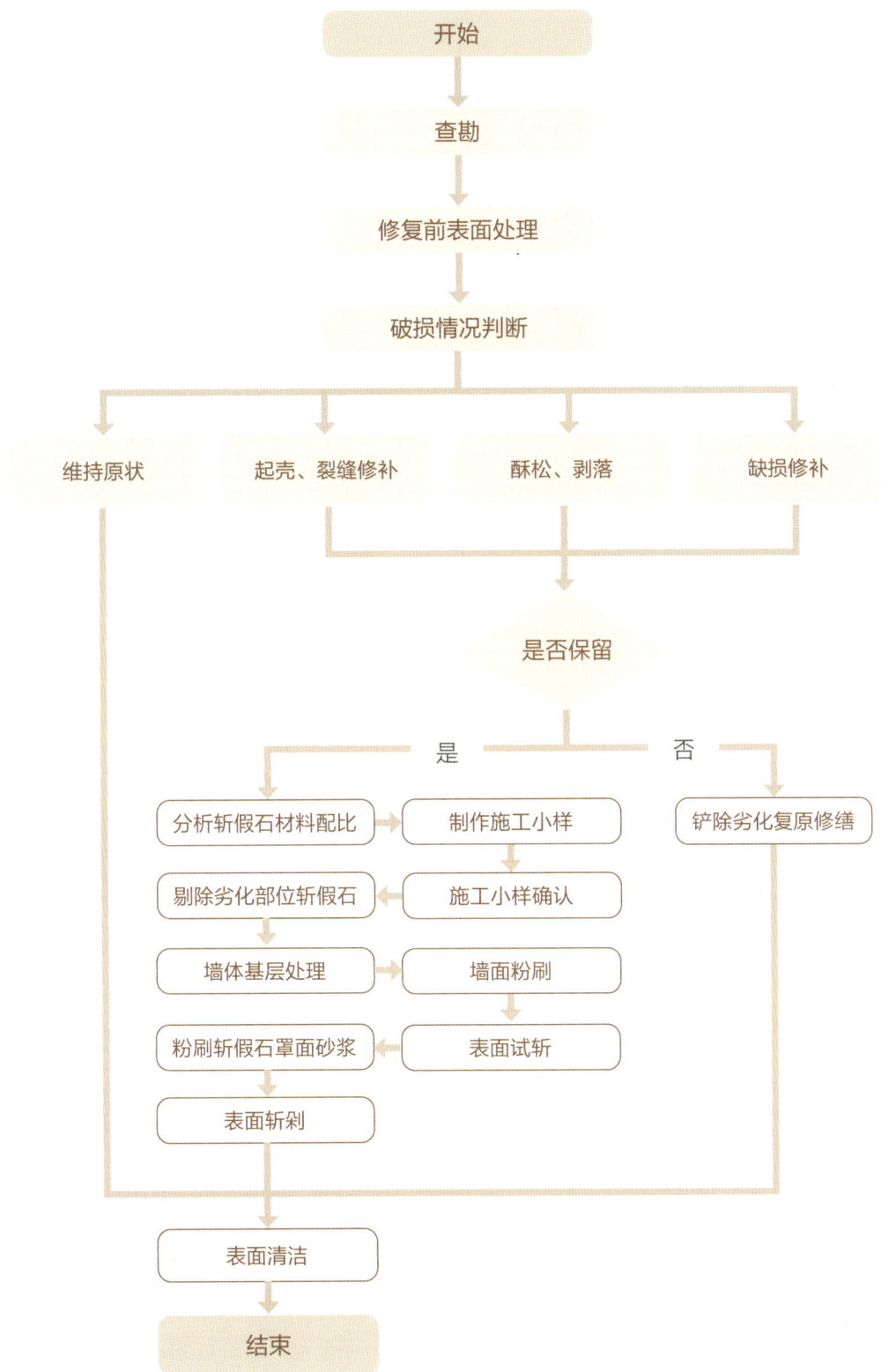

```
                        开始
                         ↓
                        查勘
                         ↓
                   修复前表面处理
                         ↓
                   破损情况判断
        ┌──────────┬──────────┼──────────┐
        ↓          ↓          ↓          ↓
    维持原状   起壳、裂缝修补  酥松、剥落    缺损修补
        │          └──────────┼──────────┘
        │                     ↓
        │                  是否保留
        │              是 ↙      ↘ 否
        │      ┌──────────┐        ↓
        │  分析斩假石材料配比 → 制作施工小样   铲除劣化复原修缮
        │      ↓          ↓          │
        │  剔除劣化部位斩假石  施工小样确认    │
        │      ↓          ↓          │
        │   墙体基层处理 → 墙面粉刷      │
        │      ↓          ↓          │
        │ 粉刷斩假石罩面砂浆  表面试斩     │
        │      ↓                     │
        │   表面斩剁                   │
        └──────────┬──────────────────┘
                   ↓
                表面清洁
                   ↓
                  结束
```

图 5-28 斩假石饰面修缮流程

5.3.1.3 卵石饰面（图 5-29）

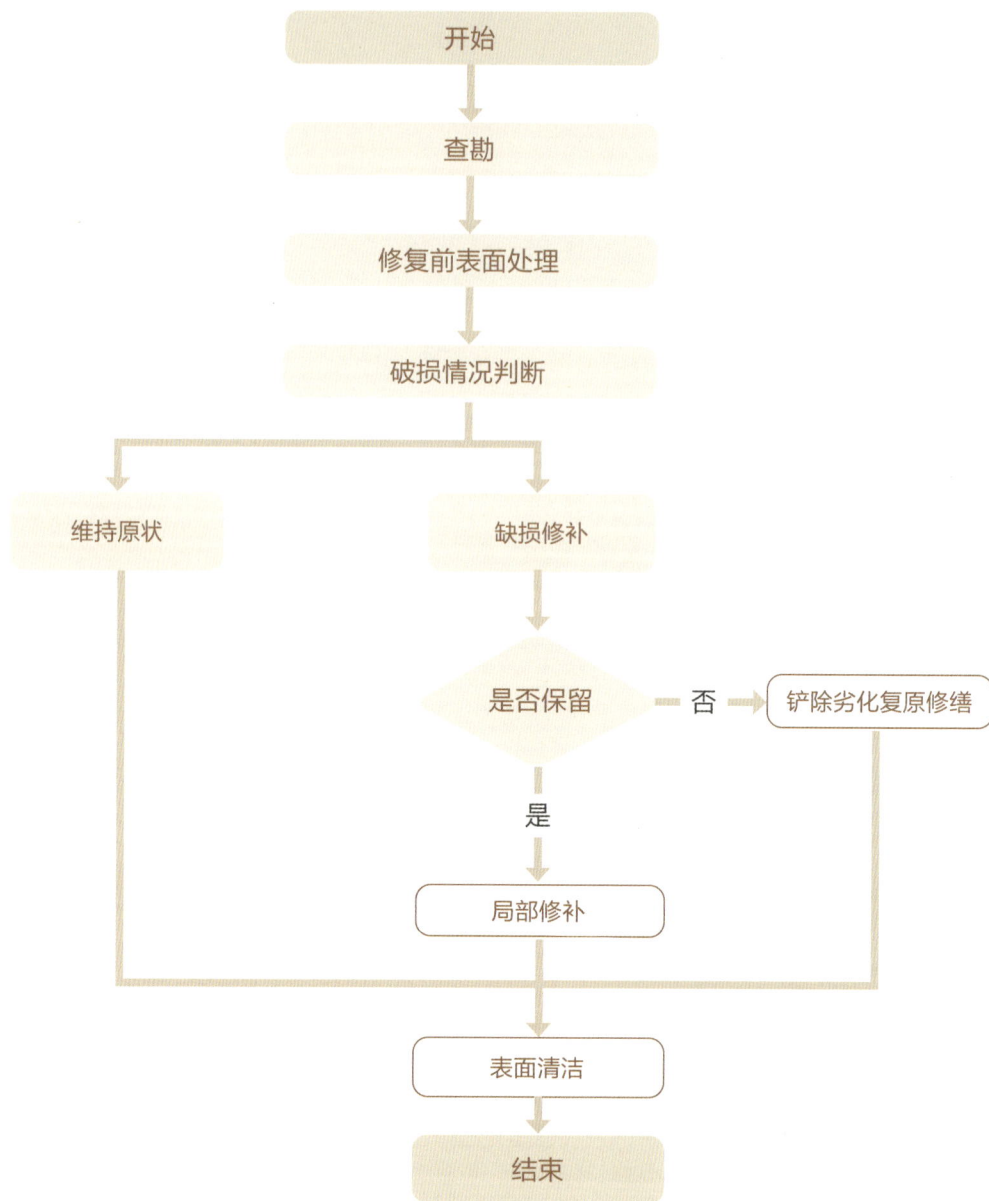

```
                    ┌──────────┐
                    │   开始    │
                    └────┬─────┘
                         ↓
                    ┌──────────┐
                    │   查勘    │
                    └────┬─────┘
                         ↓
                 ┌──────────────┐
                 │  修复前表面处理 │
                 └──────┬───────┘
                         ↓
                 ┌──────────────┐
                 │  破损情况判断   │
                 └──────┬───────┘
           ┌─────────────┴─────────────┐
           ↓                           ↓
     ┌──────────┐              ┌──────────┐
     │  维持原状  │              │  缺损修补  │
     └────┬─────┘              └────┬─────┘
          │                         ↓
          │                    ◇是否保留◇ ──否──→ ┌──────────────┐
          │                         │              │  铲除劣化复原修缮 │
          │                         是              └──────┬───────┘
          │                         ↓                      │
          │                   ┌──────────┐                 │
          │                   │  局部修补  │                 │
          │                   └────┬─────┘                 │
          └─────────────────────────┴───────────────────────┘
                                    ↓
                            ┌──────────────┐
                            │   表面清洁     │
                            └──────┬───────┘
                                    ↓
                            ┌──────────┐
                            │   结束    │
                            └──────────┘
```

图 5-29 卵石饰面修缮流程

5.3.2 修复前表面处理

水刷石表面多存在污水、灰尘、油墨、苔藓、涂料或水泥添加物等污染，针对各类污染情况的处理方式，参见 3.3.2 节内容。值得注意的是对于卵石外墙表面的涂鸦、油漆、锈斑等污染的清洗，需视黏结层强度而定，强度较高可采用水冲洗，强度较低则尽量保持原状（图 5-30）。

水刷石外墙喷洒清洗剂

水刷石外墙水枪冲洗

清洗前

清洗后

原水刷石外墙表面乳胶漆覆盖

脱漆后水刷石檐口

图 5-30 石碴抹灰外墙墙面清洗

5.3.3.1 水刷石饰面

（1）水刷石修补

　　用小榔头沿起壳的水刷石表面拖拉，检查出水刷石墙面起壳的分布。设计有规定的按照设计要求施工，设计没有要求宜按表5-3的要求进行。

水刷石修缮原则 表5-3

修缮部位	破损状况		修缮措施
基层	单处起壳面积	不大于 0.1m² 且无裂缝	可适当处理或维持现状
		大于 0.1m²	斩粉处理或打针处理
		大于 0.2m² 或超过抹灰总面积的 30%	局部扩创铲除后重抹
		大于 0.5m² 或超过抹灰总面积的 50%	铲除后重抹
	单处裂缝宽度	不大于 0.3mm 且无起壳	嵌缝处理
		大于 0.3mm	拓缝后嵌缝处理
面层	单处起壳面积	不大于 0.1m²	水刷石面层斩粉处理
		大于 0.1m² 或超过抹灰总面积的 10% 抹灰面积	局部扩创铲除面层
		大于 0.3m² 或超过抹灰总面积的 30%	铲除后重抹
	单处裂缝宽度	不大于 0.3mm	嵌缝处理
		大于 0.3mm	斩粉处理

　　具体修缮工艺如下：

　　① 起壳、裂缝修补

　　a. 如未出现空鼓，裂缝小于0.3mm时采用水泥砂浆进行嵌补修复。

　　b. 沿裂缝的方向用钢凿在裂缝的两侧各15mm范围内开槽，操作时必须将砂浆抹灰层凿穿；

　　c. 用小钢凿将两条槽缝内的抹灰凿掉，形成一条约为30mm宽的凹槽，并对缝的边缘进行修整；

　　d. 将基层清理干净并浇水湿润；

e. 按原水刷石软、硬底脚的情况抹底层灰（视厚度该层抹灰可分次进行）；

f. 待底层灰干燥后，先薄薄地刮一层素水泥浆，随即粉上按原面层相同的配合比调配成的水泥石碴浆；

g. 根据要求完成水刷石罩面的各道施工工序。

② 空鼓修补

对水刷石墙面出现的空鼓，采用对空鼓部位先斩粉后修粉的办法。但在修粉时注意区分空鼓的深度，空鼓到哪一层修粉到哪一层。具体做法是：

a. 先用敲击法确定空鼓的范围，并用粉笔做出标记；

b. 用钢凿沿空鼓部位的边缘进行凿除，面层空鼓仅凿至面层，底层空鼓则凿至底层；

c. 用钢凿凿除空鼓的抹灰层，用小钢凿修整凿缝的边缘，并将接缝处修成斜口，将底层与面层处的接缝修成踏步面，以防止接缝部位出现新的裂缝；

d. 空鼓的底层去除后，对结构体为砖块的用小钢凿剔凿砖缝（深 10~20mm），对结构体为混凝土的用钢凿适当凿毛；

e. 填补基层上的孔洞，对砖基层隔夜进行浇水；

f. 第二天修粉时，用刷帚沾水湿润基层表面和接缝处，接浆后先用水泥混合砂浆将接缝处嵌密实，然后做抹灰层；

g. 根据原有抹灰层的层数、厚度及配合比重做抹灰层，先抹四周接槎处，再逐步往里抹，边抹边压实；

h. 按照表中的施工工艺完成水刷石罩面的各道工序。

③ 缺损修补

a. 因基层内部金属铁胀造成混凝土剥落和水刷石面层损坏，对此类损坏，先将松动部位剔除干净，再对锈蚀的钢筋进行除锈处理和钢筋补强，然后涂刷阻锈剂，浇捣补缺混凝土，待达到设计强度后，再做水刷石面层；

b. 墙面上有小部分水刷石装饰构件缺损，现场按原样重新抹灰装饰线条或装饰构件后，修复水刷石罩面，或翻模后，按历史原样，在工厂重新制作水刷石装饰线条或装饰构件后，现场安装；

c. 水刷石门窗套若大部完好，局部缺损，在原位进行与原材料、原级配、原色彩、原做法一致的修补。

④ 面层石碴浆修补

粉石子面层前，先用水浇润印糙坯，用素水泥浆刷过，然后粉上石子，拍平、拍实、拍匀后，用刷帚拖过，待浆水收水后，用刷帚和清水把表面上水泥洗去。在冲洗前先将下层原有旧的水刷石用水浇湿，以免上面用水冲洗石子时，水泥浆水下挂，粘牢老抹灰，影响美观。

⑤ 水刷石修整、赶实压光及喷刷

将粉在分格条块内的石子浆面层拍平压实，并将内部的水泥浆挤压出来，压实后尽量保证石子大面朝上，再用铁板溜光压实，反复 3~4 遍，修补的"汰石子"面层，应比现有墙面略微高出一点，待水泥干缩后，修补面将与周边抹灰在同一平面上。拍压时特别要注意阴阳角部位石子饱满，以免出现黑边。待面层初凝时（指擦无痕），用刷子刷不掉石粒为宜。然后开始刷洗面层水泥浆，洗刷分两遍进行，第一遍先用毛刷蘸水刷掉面层水泥浆，露出石粒，第二遍紧随其后用喷雾器将四周相邻部位喷湿，然后按自上而下顺序喷水冲洗，喷头一般距墙面 10~20cm，喷刷要均匀，使石子露出表面 1~2mm 为宜。最后用水壶从上往下将石子表面冲洗干净，冲洗时不宜过快，同时注意避开大风天，以避免造成墙面污染、发花（图 5-31）。

裂缝修补：材料准备 　　裂缝修补：清理裂缝四周

图 5-31 石碴抹灰外墙墙面修缮

裂缝修补：裂缝修补

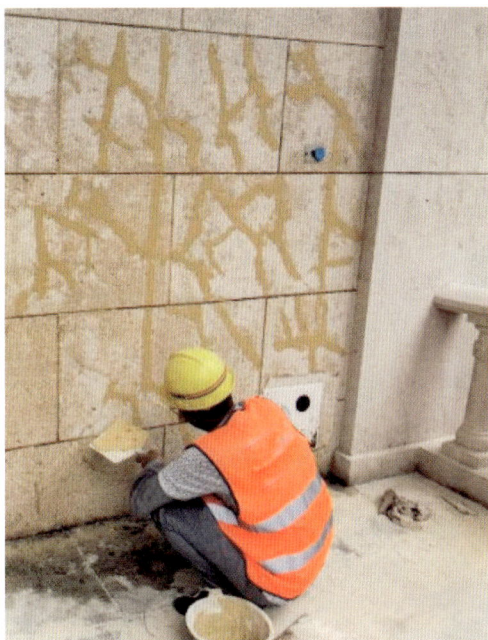

裂缝修补：嵌缝勾缝

破损修缮：凿除面层

破损修缮：重做面层

破损修缮：面层清理

图 5-31 石碴抹灰外墙墙面修缮（续）

5.3.3.2 斩假石饰面

斩假石修缮施工前必须按设计要求试制样品，经过在配合比、手势、斩迹等各方面的比较，选定适宜的斩假石样品，然后再按选定的样本组织施工（图 5-32）。

（1）墙（柱）面应根据起壳、裂缝、风化、剥落等损坏原因和损坏程度进行修缮，并应符合下列规定：

① 基层起壳无裂缝，起壳面积小于 0.1m²，基层强度较好，可不予修缮；基层砂浆酥松，起壳面积大于或等于 0.1m²，起壳同时有裂缝的，应凿除重做。做法采用斩假石基层、面层传统做法。

② 面层起壳面积大于或等于 0.1m²，应凿除重做；面层无起壳现象，裂缝宽度在 3mm 以下，可进行嵌缝处理。嵌缝材料应采用水泥、建筑胶水或颜料组成，嵌缝前先试做样板。嵌缝应至少分两次完成，完成后达到强度后需进行人工表面斩琢处理。

③ 面层酥松、剥落，基层强度和整体性较好，可凿除面层，局部修补。面层做法采用斩假石面层传统做法。

④ 墙面局部缺损修补，做法采用斩假石基层、面层传统做法，接缝宜设在墙面的引线、阴阳角、线脚凹口处。

（2）斩假石墙面的底层、中层抹灰一般为水泥砂浆抹灰（俗称硬底脚），由水泥和砂按一定配合比，再加少许水混合而成。有些根据需要也可掺少许外加剂，以改善其和易性。

（3）墙面斩假石修缮施工主要有局部面层修缮和凿除至基层修缮施工两种方法，修缮前，用响鼓锤沿斩假石面拖拉，检查斩假石墙面起壳分布情况和范围，结合目测墙面表面裂缝、风化、酥松、剥落等劣化情况确定修缮方法和范围。一般情况下，按照嵌条形成的一个分仓为修缮单位。如没有分仓限制线时，应尽量规整，并进行墙面修缮放线，标明修缮范围。根据面壳和底壳类型确定切割深度，位置应靠近放线位置或方格边，凿除、切割应方正（图5-32）。

图 5-32 斩假石斩琢过程

5.3.3.3 卵石外墙

（1）损坏处斩粉

历史建筑的卵石墙面一般均采用水泥黄砂石灰膏，所以斩粉时需要把施工区域用泥刀勾划出来、斩粉以分格线、分仓线分界为佳，形成矩形修补区域，以免斩铲除基层抹灰时影响完好的卵石墙面。

（2）历史材料分析

收集凿落的卵石砂浆，运往指定场地集中归堆，然后分离砂浆中的卵石。采用手工清洗分离出来的卵石，第一次采用清水清洗，主要清洗残留在卵石上的砂浆。第二次采用高效外墙清洗剂按一定比例稀释后进行清洗，主要清洗卵石表面上污染的涂料。对凿除下来的卵石进行分析，确定修缮使用的卵石种类、粒径、颜色，其他材料按传统做法配置。

（3）抹底层、中层砂浆

根据软、硬底脚不同，采用相应配合比的水泥砂浆抹底灰，分层抹平，用木杠刮平、木蟹压实、打毛。

新做卵石饰面详见 5.1.2.3 节。卵石粒径露出 1/3~1/2（图 5-33）。

| 铲掉原墙面卵石 | 卵石清洁后保存 | 鹅卵石修复中 |

图 5-33 卵石修复过程

5.3.4 修缮效果及质量评定

5.3.4.1 水刷石

（1）修缮时的石子粒径、形状、颜色、配比、疏密度整体、水泥配比等应符合设计要求，且与验收确认样板面色感一致；

（2）修缮后的水刷石面整体干净，色感与修复保留的原水刷石相协调。新旧水刷石面整体平整，整体无接缝痕迹，且牢固。

5.3.4.2 斩假石

（1）修缮后的外墙表面剁纹均匀顺直、深浅一致，无漏剁、乱纹，阳角处应横剁并留出宽窄一致的不剁边条，棱角无损坏；

（2）修缮后的外墙表面清洁、色泽协调，修补处与原墙面保持平整。

5.3.4.3 卵石

（1）修缮时补配的卵石粒径、形状、颜色、肌理、嵌入墙体的深度、疏密度应与原墙面一致；水泥粉刷牢固。

（2）修缮后的卵石墙表面干净、色泽协调、不露浆、不漏粘；石粒应黏结牢固，分布均匀，阳角处无黑边；勾缝平顺，色泽均匀。

石碴抹灰饰面修缮效果见图 5-34～图 5-37。

图 5-34 水刷石小样

图 5-35 水刷石修缮后

图 5-36 斩假石修缮后

图 5-37 卵石修缮后

5.4 特色工艺

5.4.1 特色构件

石碴抹灰饰面,在外墙中特色构件形式较为多样,包括山花、花饰造型、花饰柱、拱券、宝瓶栏杆、凹凸造型等。部分石碴抹灰装饰外墙特色构件见图 5-38~ 图 5-41。

图 5-38 水刷石花饰构件

图 5-39 立面细部

图 5-40 水刷石拱券

图 5-41 门头两侧斩假石凹凸造型

5.4.2 特色构件修缮

5.4.2.1 水刷石盾形纹章花饰修缮

水刷石修缮难点,在于石子和水泥的配比以及颜色的调配。不同部位的水刷石石子大小不同,需根据不同情况挑选。原物水刷石和新做水刷石水泥的颜色也不同,需根据修缮部位调配水泥颜色,大面积修缮前需先制作水刷石小样用于比对。根据原始盾形纹章花饰尺寸和造型进行翻模施工，内部采用不锈钢螺栓加不锈钢片固定，安装完成后使用网格布刷黏结剂覆盖，基层造型完成后在表面做水刷石饰面，水刷石的石子采用2~4mm 规格，厚度控制在 1cm 左右。主要修缮过程见图 5-42。

测量定位

抹黏结剂，填补空隙

填补空隙

开孔

螺栓加固

贴网格布

图 5-42 盾形纹章花饰水刷石修缮

填实黏结剂

水泥石子浆罩面

冲洗

水刷石盾形纹章完成

图 5-42 盾形纹章花饰水刷石修缮（续）

5.4.2.2 柱基水刷石牛腿修缮

　　将原柱子底座螺纹钢打磨除锈，按照原样式新做外部钢结构，与螺纹钢焊接，刷防锈漆两度，安装钢丝网，表面重做水刷石饰面。柱基水刷石牛腿主要修缮过程见图 5-43。

新做钢结构

涂刷防锈漆

图 5-43 柱基水刷石牛腿修缮

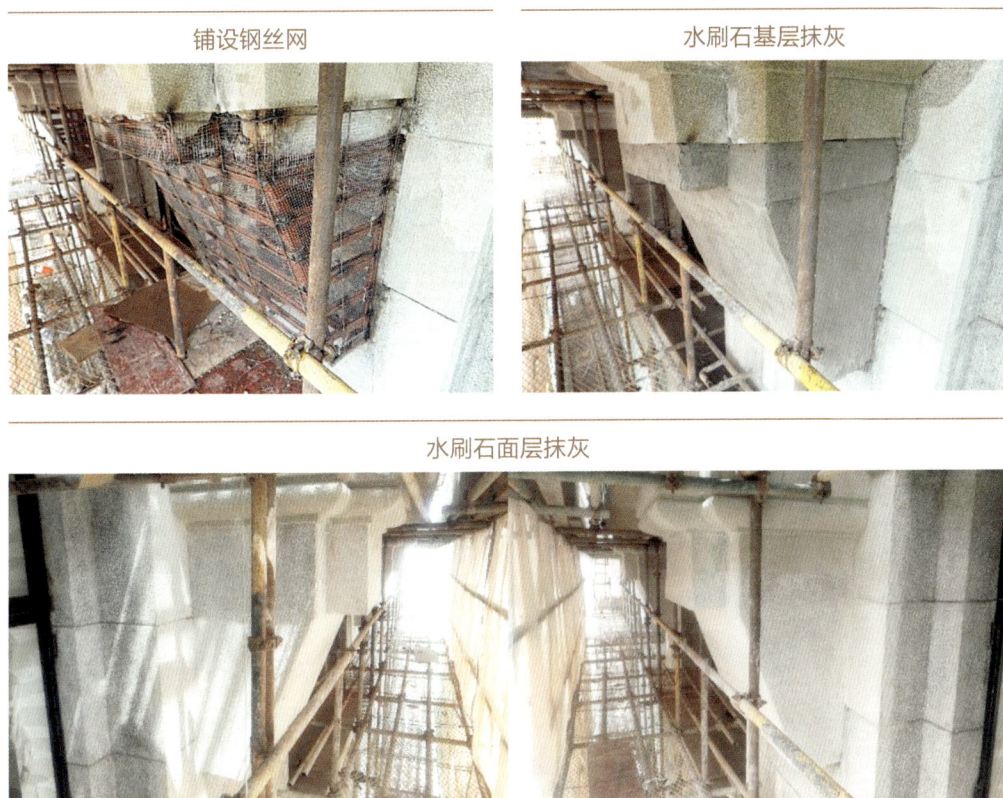

铺设钢丝网	水刷石基层抹灰

水刷石面层抹灰

图 5-43 柱基水刷石牛腿修缮（续）

5.4.2.3 斩假石造型修缮

　　破损处斩假石需进场铲除，清理墙面污垢、油污、尘土后进行基层处理。在抹底层砂浆前，将基层浇湿润，然后刷一道掺有胶黏剂的素水泥浆，起连接作用。再用 1∶3 水泥砂浆抹出造型，一般抹的厚度在 10mm 左右，不少于 8mm，待终凝后水洗养护。每一方格的四边要留出 30~40mm 边条作为套边。为保证剁纹垂直和平行，可在分格内划垂直线控制，控制剁纹与边线保持平行。通常在常温下，面层达到强度 60%~70% 时即可进行。

　　剁石时用力要一致，应垂直于大面，顺着一个方向剁，以保证剁纹均匀，不能掉边缺角。一般剁石的深度以 1/3 石粒的粒径为宜。斩琢的顺序为先上后下，由左到右进行。先剁转角和四周边缘，之后再剁中间墙面，转角一般为 45° 角剁。先轻剁一道浅纹，再剁一遍深纹，两个剁纹不重叠。斩琢完成后，面层要用硬毛刷顺剁纹刷净灰尘。主要修缮过程见图 5-44。

対原斩假石的骨料组成配比和颜色进行精确控制

斩假石修复中斩琢的过程

斩假石修缮前

斩假石修缮后

图 5-44 斩假石造型修复

5.5 典型案例分析

5.5.1 项目概况

四川中路 133 号位于外滩历史文化风貌保护区范围内，始建于 1921 年，建筑面积为 4976m²，为上海市第二批优秀历史建筑（二类）。四川中路 133 号原是卜内门洋行大楼。

1956 年 5 月，卜内门大楼由上海商业储运公司使用，改名储运大楼。后来上海新华书店总店和上海发行所搬于此地办公，并组建了上海新华发行集团（企业）。

卜内门洋行大楼是带有横三段式特征的新古典主义风格的近代公共建筑。其东立面为建筑沿街主立面：首层为具有厚重感的水平向仿石水刷石划格，横向分隔线脚丰富而显著，东立面首层设拱形窗洞 4 个，拱形居中门洞 1 个；中部 2~5 层设方窗，其中 3~5 层中间跨设通高圆柱，柱上承三角形山花；上部 6 层亦设方窗，南北端两跨窗边设壁柱。原设计中，室内外装饰精美，外立面二层窗间及五层山花两侧设有男像柱（Atlantes）、狮鹫、盾形纹章、翼狮等雕塑，室内尚存石膏天花线脚、实木护壁及门窗套等特色装饰（图 5-45）。

根据保护要求告知单，建筑的东立面为外部重点保护部位。本工程施工范围涉及外立面的保护修缮。

图 5-45 四川中路 133 号大楼立面照片 华建集团历史建筑保护设计院摄影

5.5.2 修缮技术

（1）现状分析

外墙主要存在多介质环境污染、返碱、油漆、局部黑色介质污染无法冲洗干净（图 5-46）。

（2）水刷石外墙表面清理（图 5-47）。

环境污染

返碱

黑色介质污染

图 5-46 项目照片

水刷石清洗

冲洗之后露出局部油漆

返碱使用排盐纸浆清洁

图 5-47 现场施工照片一

油漆使用弱碱性清洁剂清洗

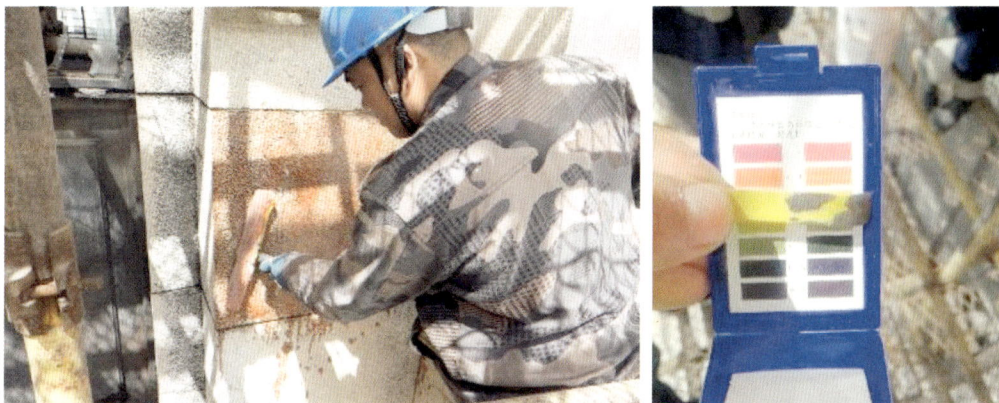

使用切割机割断外立面铁件，使用拔件工具将外立面铁件拔出

图 5-47 现场施工照片一（续）

（3）水刷石外墙修缮

① 水刷石修补（图 5-48）

a. 首先筛选石子大小与修补部位基本相同，水泥颜色与修补层水泥底色基本相同，然后凿出起壳开裂较严重的水刷石抹灰层，开始修补；

b. 修补工艺：润湿→刷界面剂→抹水泥石子浆→抹光→新旧部位接缝处理→待稍干后挤压密实→冲洗。

② 空鼓修缮（灌浆）（图 5-49）

水刷石抹灰空鼓小于 0.1m²，但表面完好的采用灌浆法。

润湿	拌制水泥石子浆

抹底层浆	抹水泥石子浆

新旧部位接缝处理	抹光

冲洗	刷洗

图 5-48 现场施工照片二

空鼓部位凿孔	灌浆	溢出灌浆孔

图 5-49 现场施工照片三

5.5.3 修缮前后对比（图 5-50）

清洗前

清洗后

东立面修缮前

东立面修缮后

修缮前

修缮后

图 5-50 修缮前后照片

第 6 章

面砖饰面保护修缮工艺

上海历史建筑的另一类使用广泛的外墙装饰是面砖，包括毛面砖、釉面砖等。面砖的使用往往与特定的历史时期或文化背景相关。他们不仅可以作为了解建筑历史和文化的重要线索，还反映了当时的建筑技术水平和材料科学水平，蕴含了丰富的艺术价值和美学价值。

面砖的选择和设计，反映了当时社会的审美取向和身份等级。通过不同色彩和纹理的面砖，可以创造出各种装饰效果，增加建筑的视觉吸引力。特定的面砖设计、排列方式，可以成为建筑的标志性特征，增强建筑的可识别性。面砖饰面具有良好的防潮性能、抗冻性能和耐久性，适用于各种气候条件，能够抵御恶劣天气和时间的侵蚀。面砖饰面可以为建筑提供额外的保护层，减少外环境对墙体的直接冲击和损害。表面光滑的面砖不易沾染污垢，清洁和维护相对容易。

为更好地保护建筑原有风貌，本章将分析上海历史建筑中面砖外墙饰面的常见类型、工艺特点、传统工艺及修缮要点，并对特色工艺进行阐述，结合典型案例分析，提出相应的保护修缮方法与技术措施（图 6-1、图 6-2）。

图 6-1 马勒别墅横竖成组的铺贴方式已将毛面砖演化为纯粹的外墙装饰

图 6-2 1902 年建成的华俄道胜银行大楼是最早采用釉面砖作为外墙饰面的建筑

6.1 常见类型和工艺特点

6.1.1 常见类型

6.1.1.1 毛面砖

毛面砖是烧结耐火砖的一种，表面粗糙、毛细孔隙多，色彩多呈褐红色、奶黄色等，其中以"泰山砖"最为著名。1921 年 1 月，民族实业家黄首民创办"泰山砖瓦股份有限公司"，以生产机制青红砖瓦。1927 年，泰山砖瓦股份有限公司研制出了建筑用毛面砖作为新产品，并且在技术上因砖薄、质轻而胜过同期的进口面砖。如今，人们习惯以"泰山砖"代指毛面砖。

6.1.1.2 光面砖

光面外墙砖又分釉面砖、无釉面砖，其中釉面砖是表面经过施釉处理的面砖。20 世纪 20 年代后国产釉面砖有较大发展，其中以上海泰山砖瓦股份有限公司、兴业瓷砖公司、益中瓷厂等企业的产品最多、最富影响力。釉面砖色彩和尺寸也更加多样，如黄色、绿色等。

20 世纪 30 年代后建成的公共建筑多使用釉面砖做装饰，如建于 1933 年的新永安公司大楼、大光明戏院、阿斯屈莱特公寓等，建于 1938 年的吴同文住宅外墙采用了绿色釉面砖（图 6-3）。

图 6-3 1938 年建成的吴同文住宅外墙采用了绿色釉面砖

6.1.2 工艺特点

传统面砖直接镶贴在找平层上，排列形式分为齐缝、错缝等，黏结材料分为软底脚和硬底脚两种类型。较有代表性的泰山面砖，排列方式与清水砖接近，具有独特的 L 形砖。外墙饰面砖在阳角处可采用 45° 角拼缝或采用 90° 的 L 形砖，在窗台等位置用大于 90° 的 L 形砖，在窗楣等位置用小于 90° 的 L 形砖（图 6-4、图 6-5）。

毛面砖

165

165

110

102

64

210

64

100 210

64

160 210

水泥黄砂浆
刮底

毛

面

砖

砖

墙

砖

单位：mm

砖

墙

6

水泥黄砂浆刮底

8

76

76

单位：mm

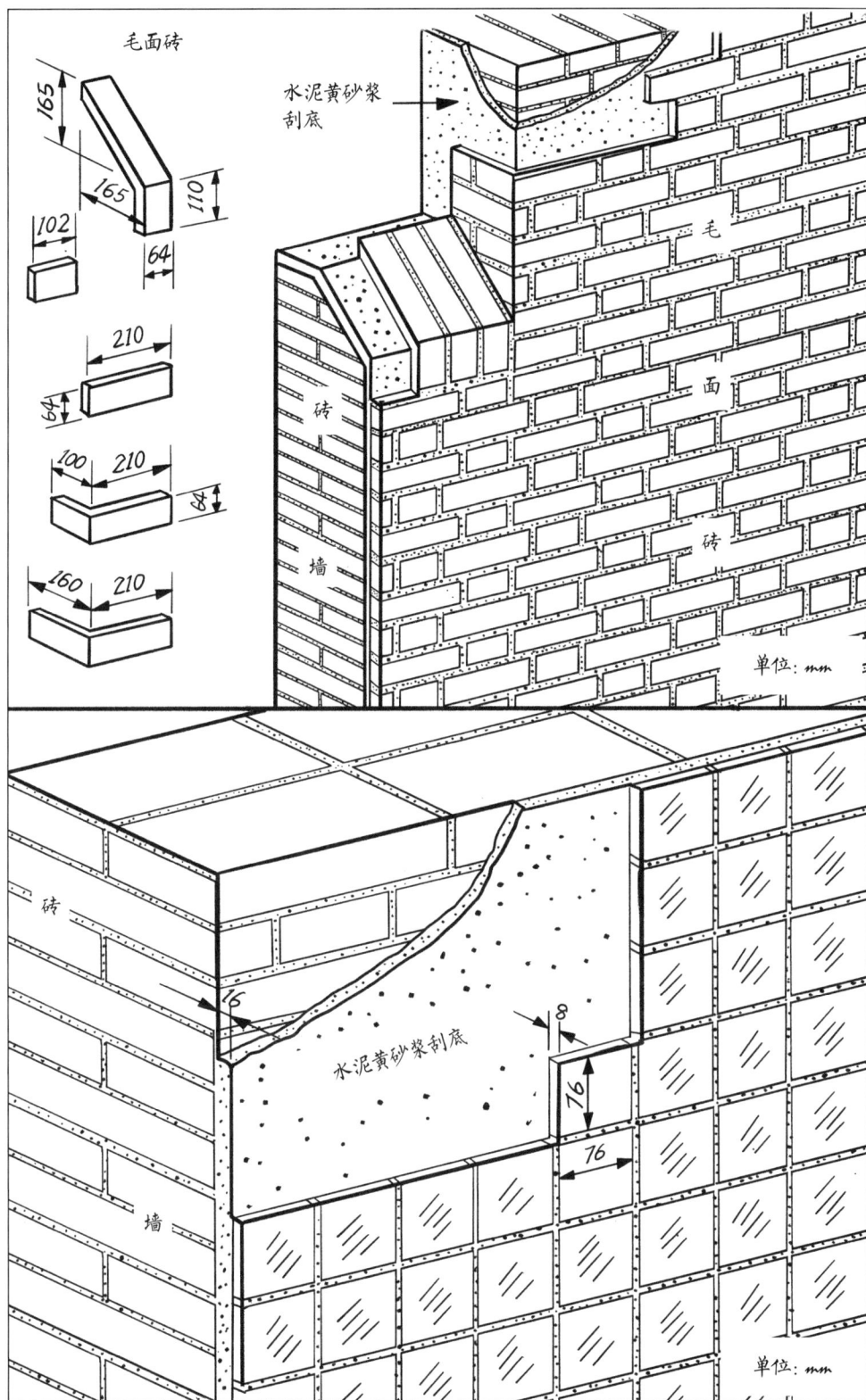

图 6-4 外墙面铺面砖详图

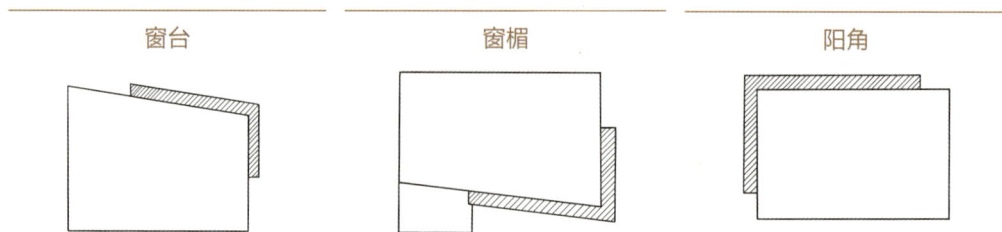

| 窗台 | 窗楣 | 阳角 |

图 6-5 窗台窗楣阳角

矩形外墙饰面砖，按排列方向可分长边水平粘贴和长边垂直粘贴两种。按接缝宽度分为密缝（接缝宽度 1~3mm 范围内）和离缝（接缝宽度在 4mm 以上）（图 6-6）。

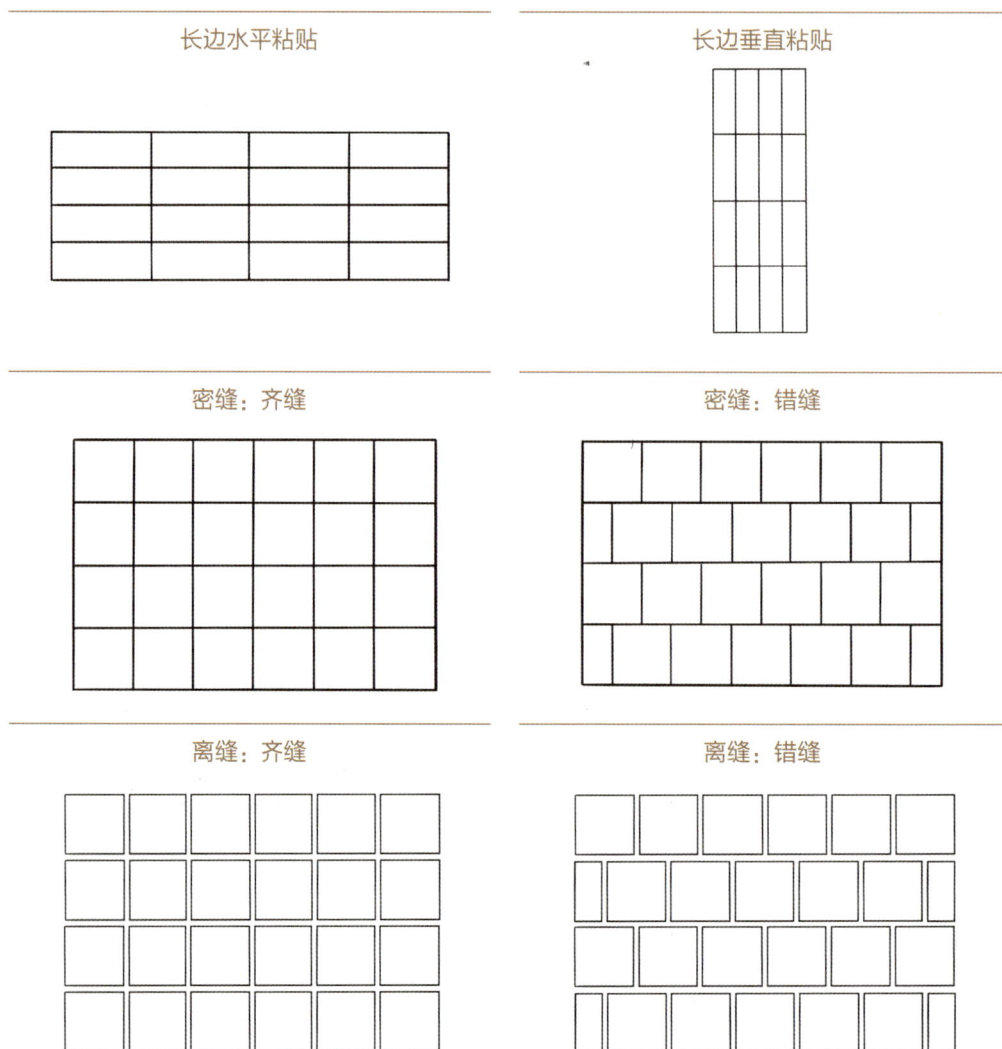

图 6-6 饰面砖排列形式

上海历史建筑外墙饰面修缮工艺

同一墙面齐缝排列，又可采取密缝黏结与离缝分格相结合的方式，以取得立面装饰效果（图6-7）。

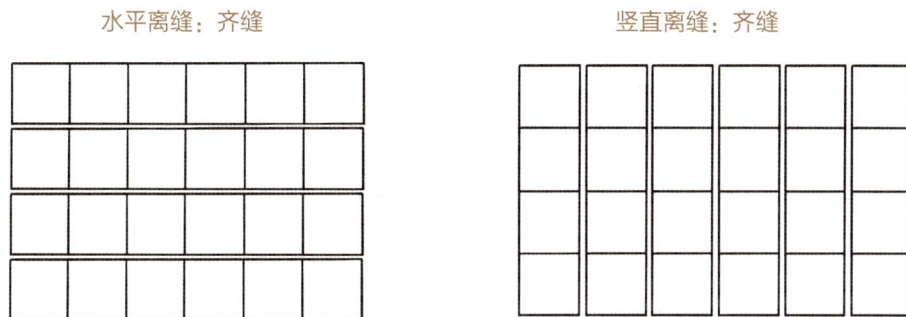

水平离缝：齐缝   竖直离缝：齐缝

图6-7 饰面砖拼缝形式

阳角部位都应是整砖，且阳角处的砖一般应将拼缝留在侧边，也有采用L形砖做转角（图6-8）。

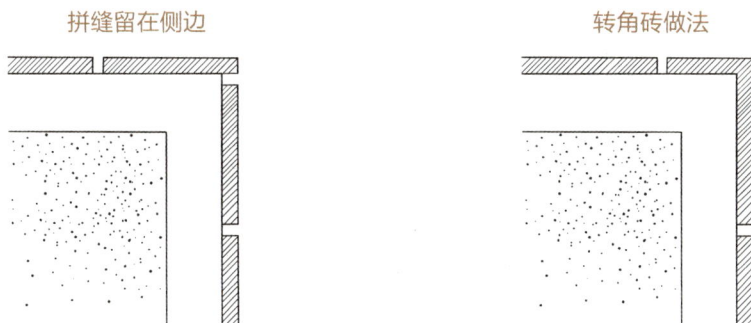

拼缝留在侧边   转角砖做法

图6-8 阳角饰面砖排列形式

早期饰面砖，以模仿清水砖墙为主要形式。在建筑立面上多采用石材或水刷石作为基座，红褐色毛面砖贴砌在上部，饰面砖也按照丁砖与顺砖相间错缝拼贴的组合方式，砖勾凹平缝，仿佛清水砖墙一般。

相比模仿清水红砖的红褐色毛面砖，黄褐色毛面砖的铺贴形式更加自由多变，可配合建筑风格做特色装饰。如茂名南路峻岭公寓（采用泰山面砖）强调方向性的铺贴方式与装饰艺术派建筑风格相呼应（图 6-9）；西侨青年会（今体育大厦）用不同颜色毛面砖拼贴出新艺术运动派的墙面纹理（图 6-10）；马勒别墅横竖成组的铺贴方式则使毛面砖演化为纯粹的外墙装饰（图 6-11）。

图 6-9 峻岭公寓

图 6-10 西侨青年会大楼

图 6-11 马勒别墅

　　除了采用白水泥勾缝以突出砖缝效果外，还有采用不同的勾缝颜色来达到设计效果的方式。如国泰大戏院的外墙泰山面砖以三皮砖为一组，每组之间勾白色灰缝，而组内勾缝则与砖色接近。形成突出横向线条的视觉效果，从而与建筑装饰艺术派的风格相呼应（图 6-12）。

　　相比毛面砖，釉面砖则在尺寸和铺贴形式上更加灵活自由，不受约束，其多采用对缝拼贴，色彩也更加多样，常见如黄色、绿色、白色等，如阿斯屈来特公寓（1933 年）黄绿相间对缝拼贴的釉面砖（图 6-13）。釉面砖完全表现为一种丰富多变的外墙饰面材料，也更多应用于装饰艺术派和现代派风格建筑中。

图 6-12 国泰大戏院（1930 年）

图 6-13 阿斯屈来特公寓（1933 年）

6.2 传统施工工艺

6.2.1 传统工艺流程

基层处理→分格弹线→做塌饼→面砖隔夜浸水→面砖镶贴→勾缝、清理砖缝砖面。

6.2.2 施工要点

6.2.2.1 基层处理

基层上的残余砂浆、泥土、油污、结构遗留物须彻底清除干净，且砖墙灰缝已勒缝并清扫干净（宜在砖砌体砌筑时完成）。混凝土表面凿痕，痕深 4~5mm，痕距 40~50mm，用钢丝刷刷清，凿去墙面凸瘤，墙面充分浇水湿润，用 1：2.5 纸筋石灰混合砂浆分层填平墙面凹陷部位，每层厚度不大于 5mm。

6.2.2.2 分格弹线

（1）用水平仪确定标准水平线，其间距可根据皮数划分，一般为 5~7 皮砖宽，将其作为镶贴时的控制线。天盘和窗盘线可作为控制线，需防止底皮砖和最上一皮砖出现半皮砖的现象。

（2）当排列的头缝为通缝时，可每隔两块砖长弹垂直控制线。当排列的头缝为叉缝时，可每隔五块砖长弹垂直控制线。控制线应通过门窗洞。

（3）当建筑物有不均匀沉降，外墙面与明沟面的相交线为非水平线时，一般仍以墙面为准弹出水平控制线。当垂直墙面与非垂直墙面相交时，面砖皮数应以垂直墙面为准，非垂直墙面的面砖要与垂直墙面的面砖拉通（图 6-14）。

6.2.2.3 做塌饼

弹完线后出塌饼，塌饼间距在垂直与水平两个方向均以 1.5~2m 左右为宜。塌饼可用损坏的面砖粘贴，其表面高度即为镶贴后的面砖表面高度。

6.2.2.4 面砖隔夜浸水

将检查合格的面砖用清水浸泡并隔夜，镶贴前取出晾干，砖面无水渍，方可进行镶贴。

6.2.2.5 面砖镶贴

（1）镶贴顺序：按楼层自上而下，按操作区段自下而上。镶贴第一皮砖时，下口应用"引条"支撑，作为上皮面砖的基座。

（2）镶嵌底皮面砖时，采用 1：1.5 水泥砂浆，其中掺加不大于 5% 水泥重量的熟化石灰膏，用小铲满刀灰铺贴，用力挤压，并用小铲木柄轻轻敲击使其密实，随手将挤出砂浆清理干净。

（3）面砖铺贴若干块后，用 2m 直尺检查砖面平整度和水平度，若不平、不直，需用小铲木柄轻轻敲击砖面或撬起重贴，严禁用小锤直接敲击木直尺，防止其余面砖松动。

（4）底皮面砖镶贴完毕，将上口砂浆刮平，然后放置砖缝木嵌条子（使用前用水浸泡充分）。条子外侧面应与面砖持平，条子下侧若遇到底皮面砖上口不平整时，用竹篾或小木片填满，即可铺贴第二皮面砖。

（5）铺贴时，毛面砖的拉毛刺应向下。当采用"头缝叉开"贴法时，允许"转角面砖"的拉毛刺一块向下，另一块向上。

（6）待若干皮面砖铺贴完毕、水泥砂浆在初凝后终凝前取出木嵌条子。

（7）铺贴时应随时检查工程质量，发现不平整、空鼓及水平缝不直等弊病时，及时修整或返工重贴。

（8）铺贴非垂直面阴阳角面砖及非整块砖时，应先画好准确尺寸线，切割整齐，方可上墙铺贴（图 6-15）。

6.2.2.6 勾缝、清理砖缝砖面

贴完整垛墙面后，清扫墙面，浇水湿润，用 1∶1 水泥砂浆自上而下、自左而右进行勾缝。勾缝可分为二遍操作，使灰缝密实不发生空鼓。待灰缝稍干，再用竹丝扫帚将灰缝及砖面清理洁净（图 6-16）。

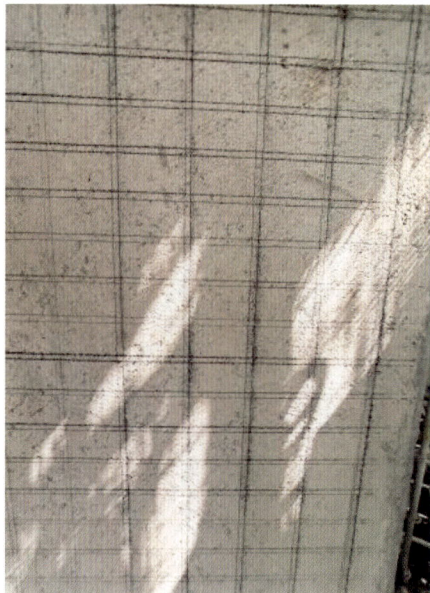

图 6-14 弹线排版

图 6-15 饰面砖镶贴

图 6-16 嵌缝处理

6.3 修缮施工工艺

6.3.1 修缮流程

　　针对饰面砖墙面的损伤，查勘后根据面砖破损程度可采用清理、钻孔、注浆或面砖置换等方法进行相应的修缮（图6-17）。

6.3.2 修复前表面处理

（1）去除墙体外露构件，用套筒玻璃钻覆盖插入件周边并进行开槽，开槽过程中浇水以保护玻璃钻且防尘。电焊割断预埋件，切勿强行取出，以免损坏建筑外墙，影响建筑的结构。插入件直径一般在 8~12mm，选取套筒玻璃钻直径在 10~14mm。

（2）为防止外墙清洗过程中污染非面砖部分，在清洗施工前，用塑料薄膜对该部分进行覆盖保护。

（3）其他污染情况的处理方式参见 3.3.2 节的相关内容。

```
                        ┌──────────┐
                        │   开始    │
                        └────┬─────┘
                             ↓
                        ┌──────────┐
                        │   查勘    │
                        └────┬─────┘
                             ↓
                      ┌────────────┐
                      │ 修复前表面处理 │
                      └─────┬──────┘
                            ↓
                      ┌────────────┐
                      │ 破损深度判断 │
                      └─────┬──────┘
```

表面开裂、小孔洞	与黏结层空鼓	与基层空鼓	面砖破损
清理	钻孔	确定修理范围和钻孔位置	人工凿除
调和修补剂	注环氧树脂	钻孔、清孔、注浆	基层粉刷
填补	封注浆孔	封注浆孔	粘贴砖片
磨平			勾缝

```
                        ┌──────────┐
                        │   清洁    │
                        └────┬─────┘
                             ↓
                        ┌──────────┐
                        │   结束    │
                        └──────────┘
```

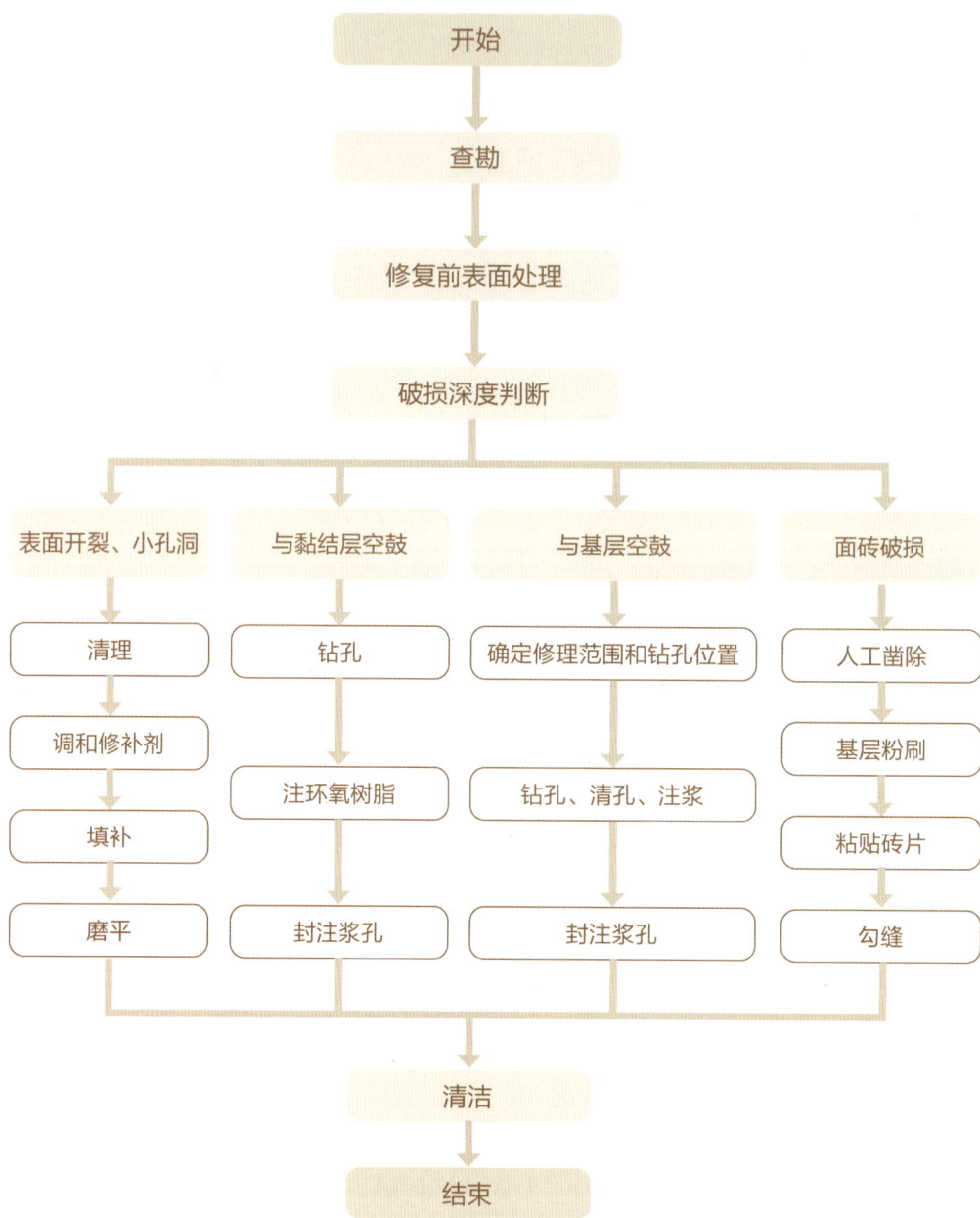

图 6-17 面砖饰面修缮流程

6.3.3 修缮工艺

6.3.3.1 砖面修补

（1）表面开裂、小洞孔面砖外墙

① 清理面砖表面小洞孔部位，用凿子挖出洞孔内杂质后，用毛刷清理干净浮尘。

② 调和修补剂。面砖修补剂是在水泥砂浆中加入与墙体颜色一致的颜料，充分调和、

搅拌均匀后调和而成。

③ 填补墙体开裂、小洞孔部位，用铲刀将调和后的修补剂填补入清理干净的开裂处和小洞孔，填补须严实、平整、牢固。

（2）面砖与黏结层局部空鼓起壳（大于 100mm × 100mm 以上面积）

充分了解基层材料，基层材料为软底脚还是硬底脚。黏结层强度不能大于基层强度太多，以防止黏结层固化过程中和基层分裂剥离。注浆材料的强度不应大于黏结层材料的强度。

面砖与黏结局部脱壳采用注浆修缮，首先在面砖砖缝适当位置钻注浆孔，孔深 10mm，然后洁净孔眼，用注浆材料进行注浆，再用 1 : 1 配色（与原面砖色近似）水泥砂浆封注浆孔，最后待孔眼干硬后，清洗墙面。

（3）面砖与基层空鼓起壳（大于 100mm × 100mm 以上面积）

① 面砖表面完好，面砖与黏结层黏结良好，但黏结层与基层已起壳，采用"树脂锚固螺栓法"加固。

② 用小铁锤轻轻敲击面砖，确定空鼓范围，修理范围应比实际起壳范围扩大 100~300mm。

③ 确定钻孔位置（钻孔位置设置在面砖缝与起壳处），钻孔需在面砖间隙勾缝处交叉进行，10~12 孔 /m²。钻注装孔，钻孔应稍向下倾斜 15°，孔深深入基面层 30mm。

④ 洁净孔眼，用压缩空气吹尽粉尘，用注胶枪把环氧树脂浆液（或超细修补砂浆掺和增固乳胶）进行空压注浆。注浆由下而上，上部设置溢浆孔，把溢出的环氧树脂用布擦净（图 6-18）。

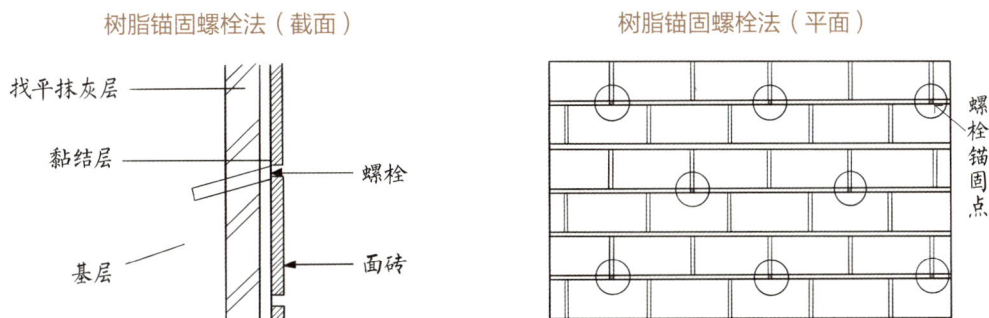

图 6-18 树脂锚固螺栓法示意

⑤ 孔内插入 Φ6 不锈钢锚栓螺杆（表面涂环氧树脂浆液一道，螺栓长度视面灰至基面厚度而定）。

⑥ 待环氧树脂灌入 2~3 天后，用配好色（应根据原面砖的颜色确定）的 1：3 的水泥砂浆把灌孔填实。

⑦ 待孔眼干硬后，清洗墙面。

（4）面砖置换

① 面砖凡起壳（面壳）连续超过 3 块（含 3 块）或缺损严重的均予以凿除，采用人工方式进行逐一凿除，凿除时尽量不损伤周边保存完好的面砖。

② 清理原有基层并浇水湿润，再采用聚合物砂浆找平，用专用聚合物水泥砂浆刮糙。刮糙层应分层进行，分层不少于二道，每道厚度不得大于 10mm，抹灰厚度大于 25mm 时，砂浆内需压入金属网片。

③ 结合墙面旧面砖粘贴方式进行排版及弹线，新贴面砖的吸水率、背后抽槽方式、表面麻点等特征应与旧面砖相近，采用专用粘结剂进行镶贴，具体根据原面砖黏结材料而定。为达到延长面砖使用寿命、防水和粘贴牢固的目的，贴砖时需在砂浆中添加防水界面剂和粘结剂。

④ 施工时必须控制好横平竖直及表面平整度，面砖镶贴自下而上、勾缝先平后直。

⑤ 新烧制面砖的颜色和质地应与原砖保持一致，砖片背面标记烧制年份，保证可识别性（图 6-19）。

图 6-19 饰面砖现场查勘

6.3.3.2 勾缝修补

（1）清理勾缝材料表面老化部分、凿除开裂处勾缝材料，整理凿除缺损的勾缝材料。清除灰缝中的积灰。

（2）分析原勾缝材料（配比与颜色），并先试小样，对比一致后可大面积施工。

（3）勾缝深度大于10mm，分层进行多次嵌缝，灰缝应饱满，使用专用工具进行勾缝，直至原勾缝样式一致。

（4）应按设计要求的材料和深度进行勾缝，缝的形式与样板一致。

（5）勾缝应连续平直、光滑无裂纹、无空鼓、无漏嵌。

6.3.4 修缮效果及质量评定

　　修缮后的外墙饰面砖不应存在具有安全隐患的裂纹、缺损；补配的饰面砖应与原砖的材质、肌理、釉面、颜色、图案、性能接近，砖面不沾污；砖表面应平整、清洁、色泽均匀；勾缝应牢固饱满且平顺不毛糙；勾缝应横平竖直，深度、宽度与原砖一致（图6-20）。

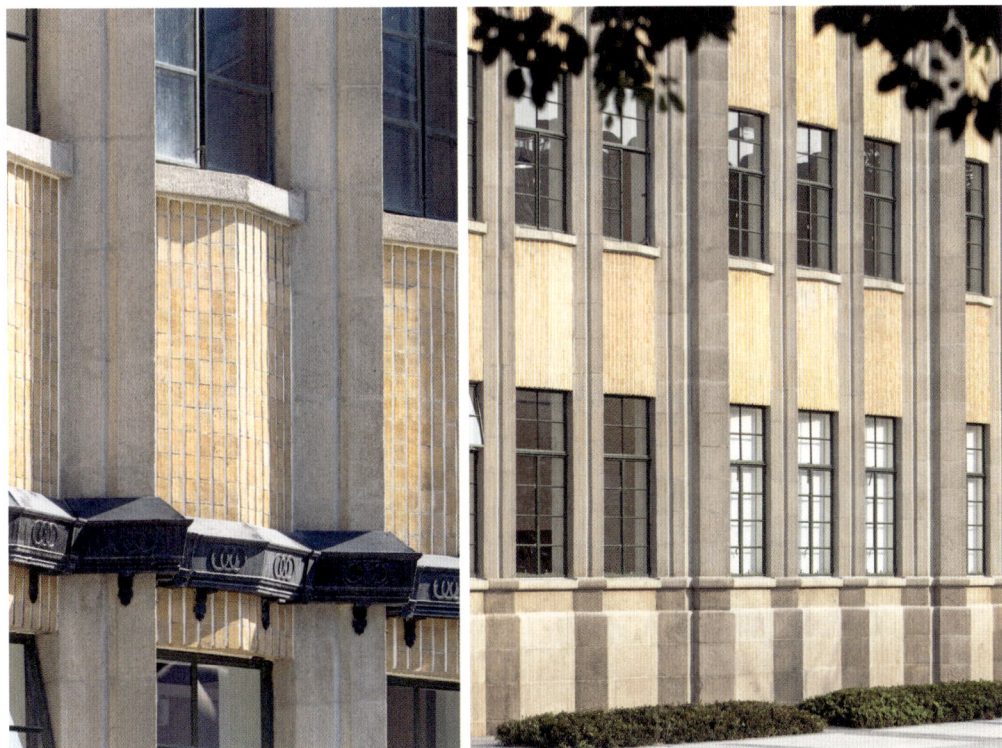

图6-20 面砖修缮后照片

6.4 特色工艺

6.4.1 特色构件

历史建筑洞口，采用垂直处转角的处理手法与墙面转角处大致相同（图6-21），多应用L形饰面砖或扣砖的手法,而洞口水平处的处理手法却较为多样,（图6-22~图6-25）。其中使用频率较高的有洞口上部竖向砖面堆叠排列（单排竖向砖、多排竖向砖，其竖向砖及组合砖的长度等于墙面横向砖宽度加勾缝的宽度的整数倍）、标准砖横向常规排列，其次出现较特殊的洞口处理方式有窗洞口上沿弧形砌筑、斜插型砌筑、抹灰砌筑等。

图6-21 门窗洞面砖镶贴实例

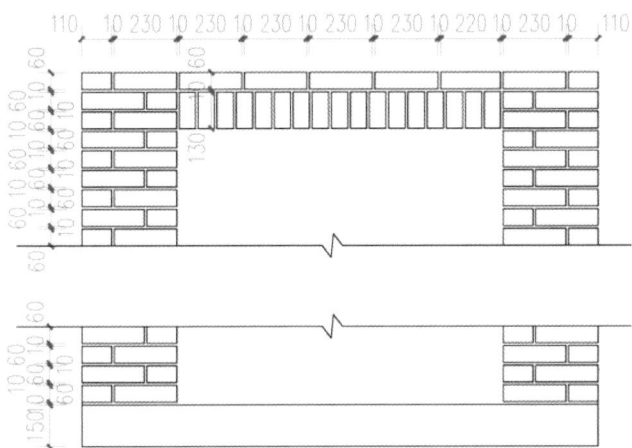

单位：mm

图 6-22 单排竖向

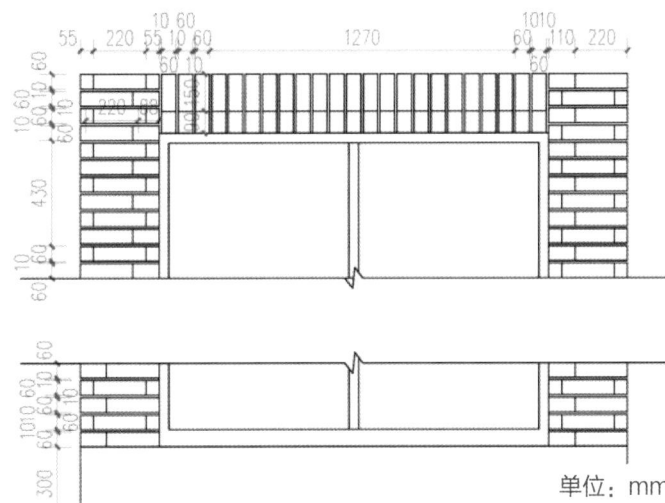

单位：mm

图 6-23 双排竖向

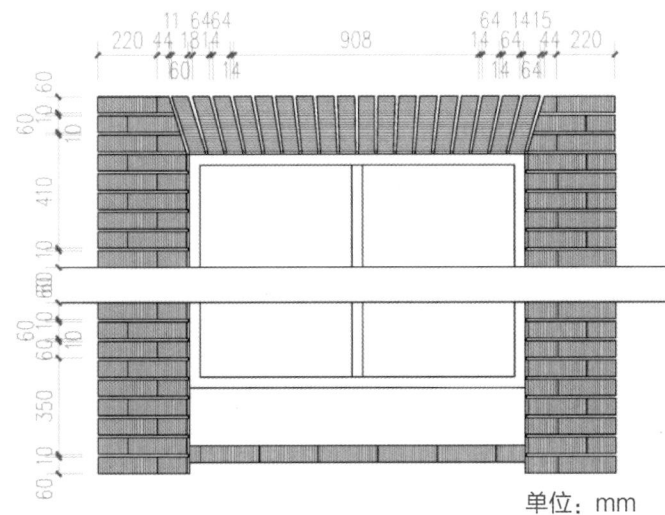

单位：mm

图 6-24 窗洞口上沿斜插型镶贴

167.59°

单位：mm

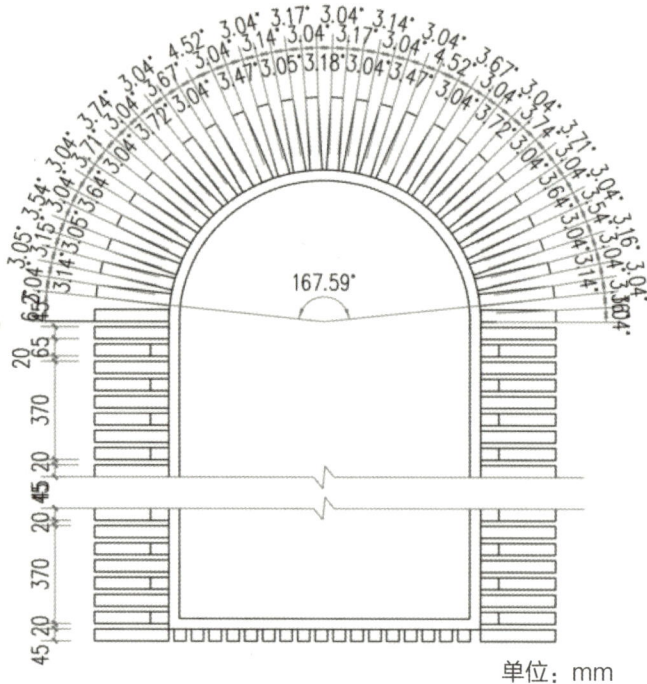

图 6-25 窗洞口上沿弧形镶贴

6.4.2 特色构件修缮

对原泰山砖铺贴进行测绘，根据测绘图绘制新铺贴放样图，并将定制的泰山砖模拟试铺。铺贴泰山砖前先进行基层界面砂浆处理，采用20mm厚干混抹灰砂浆找平。铺贴时，面砖的拉毛刺应向下。当采用"头缝叉开"贴法时，允许"转角面砖"的拉毛刺一块向下，另一块向上。

勾缝，整垛墙面墙贴完毕后，清扫墙面，浇水湿润，用1∶1水泥砂浆自上而下，自左而右进行。勾缝可分为两遍操作，使灰缝密实不发生空鼓。待灰缝稍干，再用竹丝扫帚将灰缝及砖面清理洁净（图6-26）。

清除原来泰山砖外面的假清水墙抹灰　　　使用冲击铲清除抹灰

图 6-26 泰山砖外墙修缮

抹灰清除后的泰山砖墙面现状

原泰山砖排列形式

拆除破损严重泰山砖，墙面找平

根据原排列形式，铺贴花饰泰山砖

图6-26 泰山砖外墙修缮（续）

6.5 典型案例分析

6.5.1 项目概况

雷士德工学院旧址位于虹口区东长治路505号，全名为雷士德工业职业学校及雷士德工艺专科学校（Lester Institute of Technical Education），设计、建造于1934年，为上海市第二批优秀历史建筑（二类）。

雷士德工学院主楼建筑面积7858.82m²，对称布局，中央穹顶高耸，东西两翼偏转角度，对南侧绿地形成围合之势。建筑外立面风格为英国哥特复兴（Gothic Revival Style）和装饰艺术派（Art Deco）的融合，整体强调竖向线条，外观精炼有力。立面采用天然花岗石、泰山砖、斩假石等，主楼门廊立面的盾形装饰雕刻有科学仪器及机械图案。

雷士德工学院主楼南、北立面泰山面砖为竖向排列（图6-27），面积约为400m²，砖面宽度为64mm，厚度18mm，横向灰缝宽度为6mm，竖向灰缝宽度20mm；东、西立面泰山面砖为横向排列（图6-28），面积约为200m²，砖面宽度为64mm，厚度

图 6-27 南、北立面泰山砖排列方式

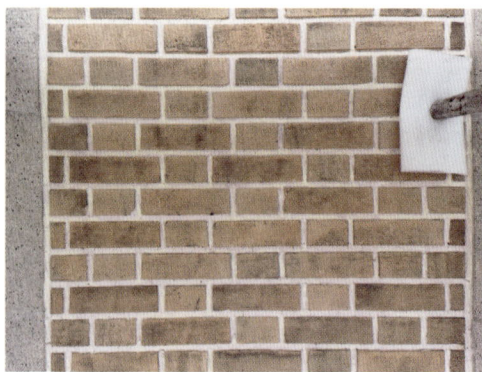

图 6-28 东、西山墙泰山砖排列方式

18mm，横向灰缝宽度为16mm，竖向灰缝宽度10mm，均采用30mm厚石灰砂浆进行铺贴。

6.5.2 修缮技术

6.5.2.1 现状分析

本工程整体砖面保存情况较好，但因黏结材料强度较低，墙面的空鼓现象比较严重；此外，面砖表面局部存在绿植滋生、苔藓污染、铁锈污染、微粒沉淀、污水污染、面砖剥落等病害，其中四层外墙泰山砖被后期人为涂刷了红色涂料（图6-29~图6-33）。

图 6-29 面砖剥落、损坏

图 6-30 泰山砖空鼓

图 6-31 面砖微粒沉淀

图 6-32 植被附生

图 6-33 四层外墙泰山砖被红色涂料覆盖

6.5.2.2 饰面砖外墙修缮

由于泰山砖的原始黏结材料与注浆材料的强度相差较大，注浆修复导致墙面泰山砖凸胀、变形，对饰面砖外墙造成了新的损害。因此，在本项目的修缮过程中，主要采用了两种修缮方法：第一种针对饰面砖外墙大面积空鼓，对饰面砖进行保护性拆除后重新铺贴；第二种针对外墙饰面砖损坏、缺失的情况，重新补配饰面砖，采用"面砖置换"的方式进行修缮（图6-34~图6-37）。

现场保护性拆除泰山砖

图6-34 保护性拆除

（1）重新铺贴

仓库中手工清理泰山砖

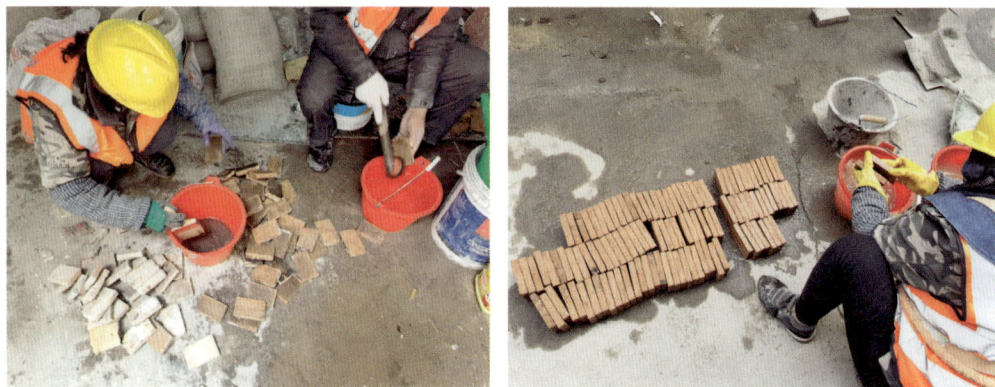

图6-35 手工清理、清洗泰山砖

基层拉毛、弹线处理

重新铺贴

铺贴完成

图 6-36 重新铺贴

（2）面砖置换

图 6-37 将现场泰山砖清洗至原有的肌理及颜色，再补配小样

6.5.3 修缮前后对比（图 6-38~图 6-43）

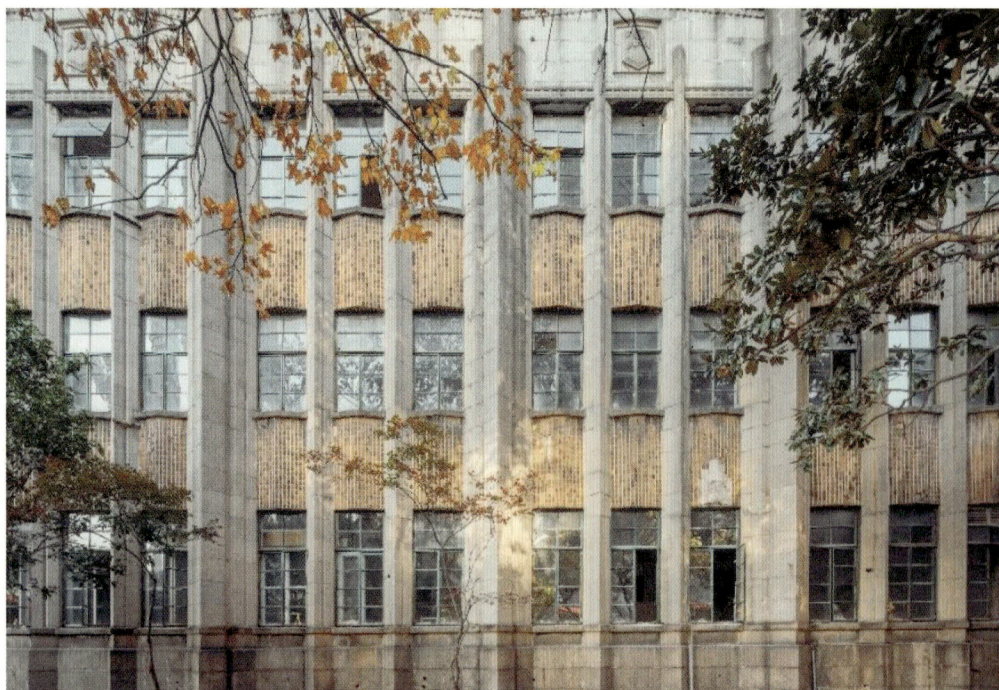

图 6-38 泰山砖整体修缮前

图 6-39 泰山砖整体修缮后

图 6-40 立面局部修缮前

图 6-41 立面局部修缮后

图 6-42 修缮前建筑整体

图 6-43 修缮后建筑整体

第 7 章

石材（石板）饰面保护修缮工艺

石材饰面在上海历史建筑使用较为普遍，是具有代表性的传统饰面做法之一。石材饰面适应性强，可以根据不同的气候条件选择不同种类，以适应不同的环境。石材具有很高的耐久性，能够抵御恶劣天气和时间的侵蚀。石材饰面可为建筑提供额外的保护层，减少外环境对墙体的直接冲击和损害。虽然石材在某些情况下成本较高，但其耐久性和低维护成本在长期内可能更为经济。

石材饰面往往与特定的历史时期或文化背景相联系，不仅反映了当时的建筑技术和艺术水平，还反映了当时社会的审美趋向和建筑的身份等级。在历史发展过程中，石材饰面也演化出了独特的加工技巧、施工方式。石材饰面，不但可以加工成各种形状和样式，为建筑提供独特的视觉效果和艺术表现力；还可以用于创造各种艺术效果，如浮雕、立体图案等，增加建筑的艺术价值。特定的石材设计和排列方式，可以成为建筑的标志性特征，增强建筑的可识别性。

针对石材的保护，也是各类外墙修缮保护的重要内容之一，对于建筑整体风貌以及建筑石质构件的保护修缮工作必须慎重对待。本章通过研究石材（石板）外墙的传统工艺，分析整理出石材（石板）的针对性修缮技术，使石材构件表面及其自身得以恢复到健康的状态，确保建筑的历史和文化价值得到妥善保护和传承。

7.1 常见类型和工艺特色

7.1.1 常见类型

7.1.1.1 花岗石

花岗石硬度高、耐磨损，具有良好的抗酸、抗腐蚀性，属于酸性岩浆岩中的侵入岩，主要矿物为石英、钾长石和酸性斜长石，次要矿物为黑云母、角闪石，有时还有少量辉石。花岗石在外墙石材中应用最多。上海近代建筑所使用花岗石的产地，多为苏州、宁波、山东等地，也有部分是海外进口。

上海历史建筑外墙所用花岗石中，当以苏州产的最多，时称"苏石"；苏石又分为金山石和焦山石两种。金山石，因其产自苏州城西南的金山而得名，石性较硬、石纹较细，色略微黄淡红；焦山石，产于苏州吴县焦山，较金山石石质较次，石纹较粗，内黑点（云母）较多，色带青灰白。根据文献记载，工部局大楼（1922年）、金城银行大楼（1927年）、中国银行大楼（1937年）等均采用苏州产花岗。此外，香港石也是主要石材之一，其产于香港九龙，色泽灰白，含黑云母斑点，外滩12号汇丰银行大楼、18号麦加利银行大楼外墙均采用香港石外墙（图7-1~图7-3）。

图 7-1 金山石样品一（金城银行）

图 7-2 金山石样品二（华俄道胜银行）

随着石材使用量的加大，其他地区的石材也进入了上海市场，如陶桂林的"中国石公司"就在山东青岛设厂。其所用原料产自山东各地且色彩种类多样，如产于崂山的黄花岗石、红花岗石等，其产品曾用于百乐门舞厅（图7-4、图7-5）、百老汇大厦、大新公司等重要建筑。

图 7-3 汇丰银行外墙采用的香港石

图 7-4 百乐门历史照片

图 7-5 百乐门外立面夜景

另一种灰白色的花岗石在外滩建筑中也较为常见，被称之为日本花岗石或"德山石"（Tokuyama），产地在日本山口县德山市。1924 年建成的外滩 24 号横滨正金银行大楼的立面即为日本进口花岗石，而 1921 年建成的汉口路原中南银行大楼历史资料中也注明了其外墙使用德山石。

黑色花岗石，是花岗石中不太常见的类型。据说 20 世纪 30 年代在美国的建筑中流行使用，质地坚硬，经处理后色泽光亮，上海最为著名的案例即为国际饭店，底层至三层外墙采用中国石公司采自山东胶县大珠山的黑色花岗石作为外墙装饰（图 7-6）。

此外，青石（绿石）也较为常见，色青略带灰白，质地较软，便于雕刻，是中国传统建筑中的常见石材，也是近代历史建筑外墙的主要材料，主要用作基座、线脚装饰、窗台、过梁、拱心石等局部构件，且多与清水红砖建筑结合使用。

图 7-6 国际饭店底层至三层采用黑色花岗石饰面

7.1.1.2 大理石

大理石是一种变质岩，其色彩、花纹丰富、装饰性强，主要成分为碳酸钙，是良好的建筑装饰用石材，但因其耐腐蚀、耐磨损性较花岗石差，不宜用于室外。历史建筑中的大理石主要用于室内装饰，且多从意大利、墨西哥等地进口，意大利商人勃多喜就曾携带大理石加工设备，在上海开设培尔德大理石厂等。

用于建筑外墙的大理石主要是白色大理石，俗称为"汉白玉"，颜色洁白细腻，质地坚硬，自古以来也是传统建筑中上等的建筑和雕刻材料。在现存近代建筑实例中，建筑师邬达克对白色大理石似乎特别钟情，在诸多作品中都采用了白色大理石雕刻作为外墙材料，如福州路美国花旗总会、四川中路四行储蓄会大楼等，底层与二层墙面就采用了雕琢精美的汉白玉大理石（图7-7）。

图 7-7 四川中路四行储蓄会大楼白色大理石外墙装饰

7.1.2 工艺特点

石材饰面，主要分为乱石墙、整石正砌和石面几大类。乱石墙包括乱石、方石的乱砌和正砌，还有乱石旱砌、灰沙砌，以及小乱石、冰片式乱石等。整石正砌，是指用整块石料按一定的排列方式组合砌筑，端头接缝隔层对齐，类似于英式砌法；苏包式砌，则是每层都丁顺间砌，类似于弗兰德斯砌法。石面包括"石面砖背""石面乱石背"等，在墙体基层表面贴覆石质块材或板材，形成石面外观。对于石材墙面，石作线脚是重要的装饰环节，会影响建筑美观和样式。近代的石作线脚多样，但通常遵循古希腊、古罗马等西方古典法式。

石材饰面的最终效果除了因选用石材种类的不同带来天然差异外，还经常根据立面外观的需要，采用不同的加工手段，形成丰富的纹理和质感。

7.1.2.1 石材（石板）纹理

石材外墙可根据设计效果，采用不同的表面加工方式。石材从石矿开出时，石面多为毛面石，需通过人工打毛坯、斩凿、锥凿、打边、磨光等工法，呈现出不同的石材纹理效果。

以花岗石外墙为例，常见的石纹类型有粗糙面、四边打光、席纹、錾平、锤平、起槽、麻点、直纹斧剁、蛀纹以及蘑菇原状石（也称毛面石）等纹样效果（图7-8、图7-9）。

石面打毛坯后所呈粗糙状

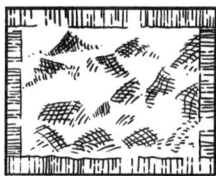

四边打光

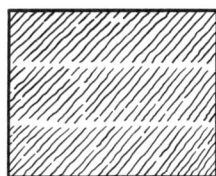

席纹

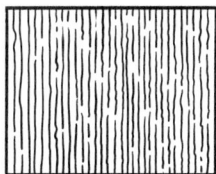

錾平

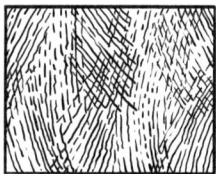

锤平

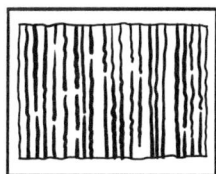

起槽

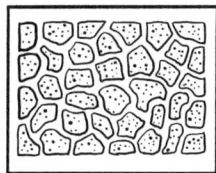

蛀纹

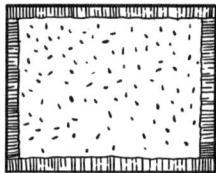

麻点

线脚

图7-8 常用石材饰面处理方式

麻点石纹做法是使用凿、斧等工具将石面凿琢成坑洼的小圆点，在阳光下形成朴拙的光影效果，如北京东路原国华银行大楼外墙等（图7-10）；直纹石面则是采用斧剁的方式斩琢出竖、横或斜的纹理，如外滩中国银行大楼底层外墙等；部分建筑的基座层则采用蘑菇状原石作为外墙饰面，形成稳重、粗犷的效果，如外滩怡和洋行大楼底层等（图7-11）。

打毛坯（怡和洋行大楼）	（江海关大厦）	（字林西报大楼）	（扬子水火保险大楼）

麻点（联合国救济总署）	（华俄道胜银行大楼）	（台湾银行大楼）	（沙逊大厦）

打边（四明银行大楼）	（浙江实业大楼）	（中国通商银行新厦）	（金城银行大楼）

錾平（永年人寿保险公司）	（日商三井银行大楼）	（日商三菱银行大楼）	（中国银行大楼）

图 7-9 常用石面处理方式与代表建筑

錾平（三菱洋行大楼）	（荣氏家族三新公司总部）	（麦加利银行大楼）	（大陆银行大楼）

磨砻（四行储蓄会联合大楼）	（交通银行大楼）	（百老汇大厦）	（浙江第一商业银行大楼）

图 7-9 常用石面处理方式与代表建筑（续）

图 7-10 北京东路国华银行大楼外墙麻点石纹

图 7-11 外滩怡和洋行大楼底层蘑菇状石材饰面

　　为加强石块接缝处灰缝效果，还有将石块周围边凿琢成斜口或凹口的做法，形成强烈的光影效果，称之为"打边"，打边宽度约一寸（约 3cm），如延安东路原大北电报公司大楼即采用麻点加打边的做法（图 7-12）。

图 7-12 中山东一路 1 号大北电报公司石材外墙麻点加打边做法

7.1.2.2 石材（石板）构造

石墙工料昂贵，为了经济和美观，常用两种处理不同或质地不同的石块，砌成面墙与底墙，合成复墙。主要有以下 4 种：

（1）细石面粗石底。每层面石与底石同样厚薄，每隔一层，用拉石作联系，细石面石块的厚度一般小于 10cm，同时不少于石块高度的 1/6。

（2）粗石面毛石底。粗石与毛石的厚薄每块不同，因此不能分层叠砌，但每隔 0.5m 或 1m，须将面底凑平，安置拉石。

（3）细石面砖底。石块厚度为砖厚加灰浆的倍数，否则面底不能凑平，安置拉石，面墙就不稳固。

（4）石面混凝土底。这种复墙需用金属拉条。拉条的尺寸，约为 0.5cm×2.5cm，两端有 5cm 的曲钩，一端向下，插入石块预先凿好的孔中，一端向上，在浇混凝土时，预置其中，石块上孔的深度约 0.8cm，宽度约 2.5cm。拉条的长一般视墙的厚薄而定。对于面石厚度，不得少于 9cm，亦不得少于石块高度的 1/8。

因为近代建筑已采用钢混框架结构，上海历史建筑的外墙石材多是采用在墙体外再砌筑石块或镶贴石板，即包石墙做法（图 7-13）。

包石墙的砌筑特点是底层石块厚度较大，至上层逐渐变薄或改用石板，立面呈现清水石墙的外观效果。如中国银行大楼东楼为 15 层的钢框架清水石墙建筑，滇池路和圆明园路外墙均采用平整的苏州花岗石镶嵌，石板厚约 120~180mm 左右，底层花岗石厚度加大，最厚处达 1m。

常见的包石墙做法有两种：

图 7-13 外滩 12 号汇丰银行大楼施工中——砖砌外墙尚未挂贴石材照片（1922 年）

（1）在墙面基层上预先按照石料位置埋入铁夹片，将钩牢石块的夹片卧入砖砌墙内砌筑，再在石块与砖墙间灌注黏结砂浆。此做法多用于墙面石板的镶贴（图 7-14）。

（2）在结构墙体外侧砌筑较厚的石块形成底层基座，石块形状采用较粗犷的条状石、蘑菇原状石等。

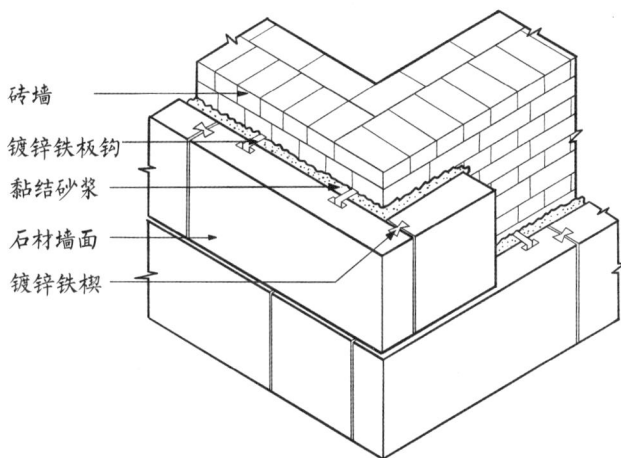

图 7-14 镶石块墙面插铁安装法构造示意

此外，历史建筑石材搭接构造做法也较为成熟，据 1936 年《建筑月刊》记载，常用的石材搭接做法有：雌雄接缝、定笋结合、避水搭接三类。其中雌雄接缝可分为雌雄接、三均接、石条接、插笋接、水泥胶接等（图 7-15）。

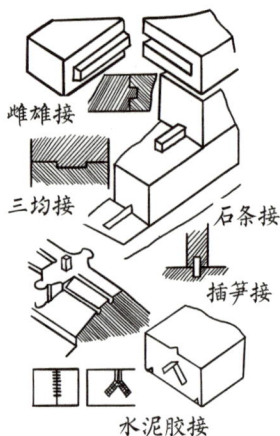

图 7-15 石材搭接常见做法示意

7.1.2.3 石材勾缝

石材饰面的勾缝，依施工的粗细而定；施工越粗，缝越阔，施工越细，缝越狭。同时缝不宜过阔，因灰浆过后，不能重压，如有破裂，石块就要松动。主要有平缝、凹缝与凸缝几种。其中平缝、凹缝使用较多，凹缝又可分为打叠接、斜角接和圆角接三种。石材间的缝隙多为稀缝，外用桐油石灰勾缝。

对于乱石工的缝，间狭不一致，且没有定向，空隙较大，一般用小石子嵌紧，然后用灰浆填满，使之凝结。对于方石工中，横纵缝比较均匀，普通阔度，约为 1.3~2.5cm；对于细石工，因石块较为平整，故缝的宽度一般不超过 1.3cm。勾缝工作，须待所有石块砌好，灰浆硬化后，方可进行。在勾缝前，一般将缝内所有灰浆挖去，约 2cm 深，然后填入更好的灰浆，使缝更紧密，式样更美观。

7.2 传统工艺

7.2.1 传统工艺流程

弹线→就位安装→灌浆安装→铁件的使用→修活、打点→勾缝。

7.2.2 施工要点

7.2.2.1 弹线

首先将要贴石材（石板）的墙面、柱面和门窗套用线锤从上至下找出垂直，考虑石材（石板）厚度、灌注浆的空隙。找出垂直后，在地面上顺墙弹出石材（石板）外廓尺寸线，此线为第一层石材（石板）的安装基准线。编好号的石材（石板）在弹好的基准线上画出就位线，每块留1mm缝隙（如涉及要求拉开缝，则按设计规定留出缝隙）。

7.2.2.2 就位安装

将石材（石板）就位后，用靠尺找垂直，水平尺找平整，方尺找阴阳角方正。安石板时如发现石板位置不准确或石板之间的空隙不符，应用石片或铸铁片垫牢，使石板之间缝隙均匀一致，并保持第一层石板上口的平直。找完垂直、平直、方正后，把调制成粥状的熟石膏贴在石材（石板）的上下之间，使两层石板结成一整体，等石膏硬化后方可灌浆。

7.2.2.3 灌浆安装

灌浆前应先勾缝，以避免漏浆。宽缝用麻刀灰勾缝，细缝可用油灰或石膏浆勾缝。灌浆应在"浆口"处进行，"浆口"是在石材（石板）的某个侧面位置预留一个缺口，灌完浆后再把这个位置上的砖或石材（石板）安装好。为防止内部闭住气体而造成空虚，大面积灌浆时，可适当再留几个出气口。浆口处可以装一个漏斗，这样既能增加灌注的压力，又能避免浆汁四溢。灌浆应使用桃花浆（配合比为石灰浆：黏土浆为3：7或4：6）或生石灰浆，灌浆前宜灌入适量清水，干净的石面有利于灰浆的结合，湿润的内部有利于灰浆的流动，从而确保灌浆的饱满。对于长度在1.5m以上的花岗石石板、陡板等立置的石材（石板）以及柱顶等重要的受力构件，灌浆至少应分3次进行，第一次较稀，以后逐渐加稠，每次间隔在4h以上。

7.2.2.4 铁件的使用

立置的石材（石板，如陡板、角柱）、灰浆易受到水浸的石材（石板）以及其他需要增加稳定性的石材（石板，如石券），应使用连接铁件，如"银键""扒锔""拉扯"等。

7.2.2.5 修活、打点

石材（石板）安装后，对石板的接槎、水平缝等要进行适当的修活、打点。局部凸起不平处，可通过打刀或剁斧等手段将石面"铣平"。

7.2.2.6 勾缝

石材（石板）安装完成后，应将花岗石石板接缝处用麻刀灰或油灰勾抹严实。

7.3 修缮施工工艺

7.3.1 修缮流程

针对石材（石板）墙面的损伤，查勘后根据劣化情况可采用锈斑、返碱、侵蚀、腐蚀、风化、裂缝、破损、勾缝修复等各类方法进行修缮复原（图7-16）。

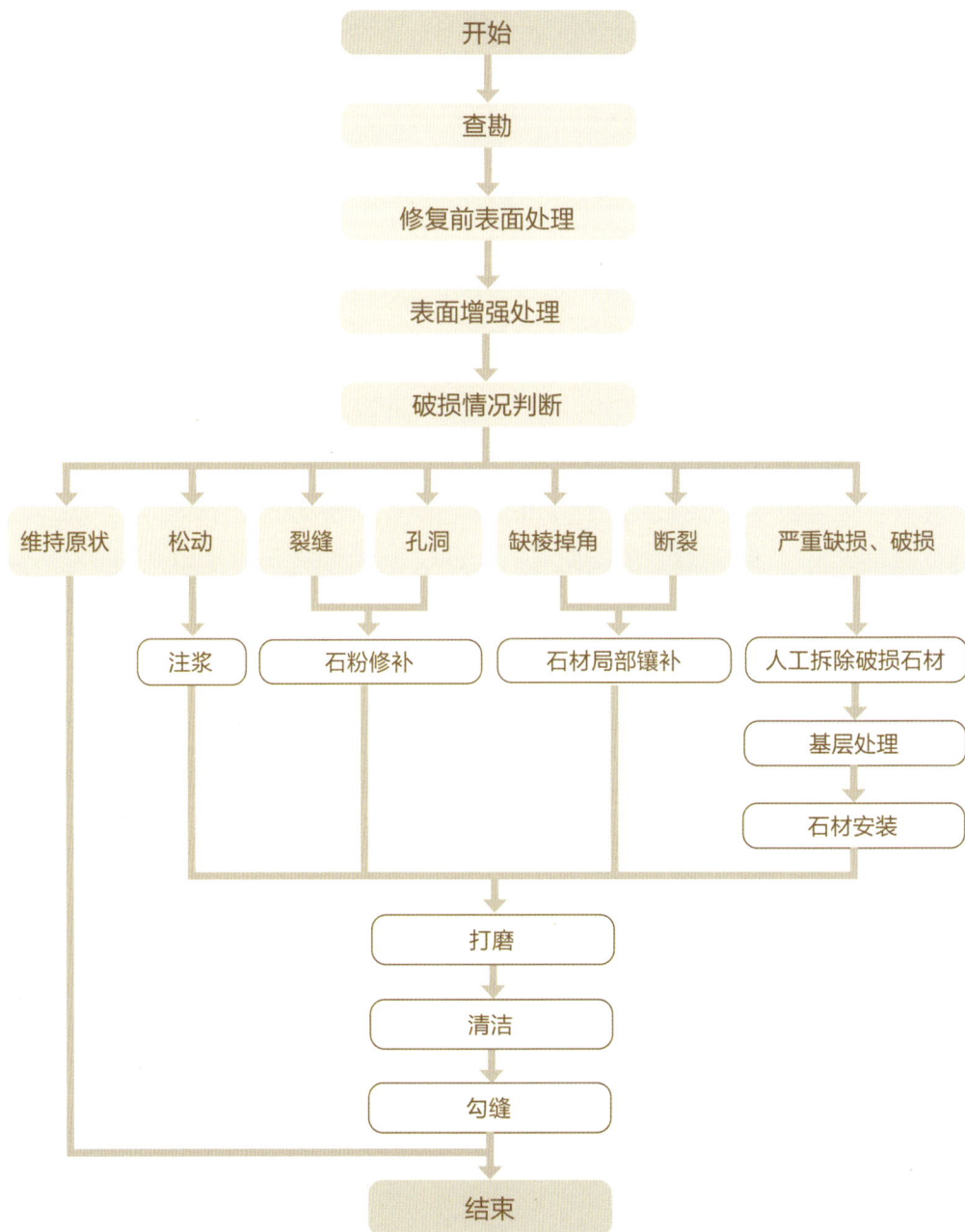

图 7-16 石材（石板）外墙修缮流程

7.3.2 修复前表面处理

7.3.2.1 污染

对石材造成污染的物品进行归纳，通过表 7-1 列举出来可能被污染后的颜色及对应的污染源。

各种污染可能造成的颜色及对应的污染源　　　　　　表 7-1

污染的颜色	可能的污染物
黑色	焦油、柏油、润滑油、汽油、煤灰黑墨汁、鞋印、鞋油
蓝色	铜锈、蓝墨水、植物肥料
棕色	水藻、木屑、咖啡、茶、润滑油、汽油、巧克力、尿液
灰色	铝屑、白华
绿色	染料、铜锈、绿色墨汁、水藻
橘色	铁锈、果汁饮料、食物
红色	血液、铁锈、墨汁、食物
白色	盐石、铝屑、白华、油染、石灰、涂改液
黄色	蛋黄、润滑油、铁锈、变质的蜡、劣质憎水剂

根据石材的污染情况优先采用物理清洗去除污染物，若存在清除困难的情况，应慎重采用化学清洗方法进行清洗。

7.3.2.2 锈斑

在进行除锈处理时，应注意以下三点：

（1）尽量避免采用强酸直接清洗花岗石锈斑。因为强酸只是简单地把锈斑（二价铁离子）氧化还原，被氧化还原的铁离子仍具不稳定性，很容易与空气中的水和氧再次发生氧化反应重新生成铁锈，并且会随着强酸溶液的流动而进一步扩大锈斑的面积。

（2）选用除锈剂，应具备两个条件：首先是除锈后的花岗石料不会再生锈；其次要求除锈剂本身不腐蚀花岗石，不影响花岗石表面光泽度。选用质量好的产品，因为好的除锈剂除了酸的成分以外，另外还加有适量的添加剂以保持氧化还原反应中铁离子的稳定性。采用这种除锈剂处理过的锈斑即使不做防护处理，也能保持很长时间不复发。相反，有些除锈剂只是一些酸的简单混合液，不能保持氧化还原反应中铁离子的稳定性,复发率高。

（3）深层锈斑的处理需要保持一定的剂量和反应时间，有时还需要反复使用才能达到理想的效果。

7.3.2.3 返碱

处理返碱的最普遍方法为，首先清除石材（石板）表面的返碱残留物，对墙体、板缝及板面等进行全面的防水处理，防止返碱继续发展。采用石材返碱清洗剂（由非离子型的表面活性剂及溶液等制成的无色半透明液体）进行清洗。或采用湿法吸附（例如用纸浆等材料吸附）或酸碱中和（例如用稀的酸溶液清除碱类）进行处理。其中湿法吸附是利用水溶盐离子的毛细作用将基层中的盐分集中到可以去除的表层敷贴材料中，从而降低基层盐分。若能鉴别出盐碱的种类，通过有针对性地使用一些化学清洗剂，可大大加速清除速度（图 7-17~ 图 7-19）。

（1）生物侵蚀

首先要做好建筑自排水工程避免积水，对已出现的苔藓等应先用工具将其铲除，再用专业的清洗剂清洁。

（2）腐蚀

根据石材饰面的具体情况而定。对于光面石材，一般采用高压清洗、轻磨方法去除腐蚀痕迹；对于毛面花岗石，进行高压清洗。

（3）风化

风化酥松的处理（预先固结），首先受风化影响的区域先用乙基硅酸盐来加固，将液体状乙基硅酸盐刷涂抹于表面直到浸透，并让其作用 2~3 星期固结，然后进行清洗，最后做防护增强处理。

上海历史建筑外墙饰面修缮工艺

水枪冲洗	局部清洗

图 7-17 石材表面污染清洗

清洗前

局部清洗后

图 7-18 石材墙身铁锈污染清洗

试剂刷洗

试剂敷设

不同试剂清洗试验

局部清洗后

图 7-19 石材广告油墨清洗

7.3.3.1 裂缝

细小无剪口裂缝（小于或等于 2mm）先用防渗水乳胶注填，再用同原石材颜色相近的石胶嵌补。裂口大于或等于 3mm 且没有爆裂和缺损的较大裂缝，在裂隙内用细针式压密灌浆低碱水泥拌防渗水乳胶进行胶合封闭，深度大于 10mm，再用同质石、同色粉拌胶批补裂缝处。

7.3.3.2 破损

（1）孔、洞部位采用同质、同色石粉修复。用同质、同色石粉加拌专用乳胶填补在缺损处（分多次进行填补至与原石材表面齐平），用高标号石材翻新片将修补处用水磨至平整、润滑，其后再进行表面处理：

① 对于表面缺陷深度不超过 1~2cm 的缺陷，可以直接预湿，并将同质、同色石粉与石材胶一起调配好的湿浆用泥工刮刀填入缺陷并与表面齐平，并在干燥 20~30min 后进行边缘的修正；

② 对于深度超过 2cm 的缺陷，必须采用分层（层厚约 1cm）修补的方法，且在底层干燥后再做上层；

③ 对于缺陷深度超过 3cm 的地方，除需要分层修补外，还需在缺陷处预先打孔，安装螺栓和销以保证修复层与基层的结合强度；

④ 完成修补工作后，应当对施工部位进行适当的养护，养护时间为 7 天左右。

（2）原则上缺棱掉角可视为具有历史意义的破损，仅采取清洗，不作修复；若明确进行缺棱掉角的修复，方法如下：

① 采用胶凝材料黏固技术进行修补，修补材料应为同质石料；

② 凿除残损部位风化酥松，按照石材残损材料和形状，做好等大的修补石块（要预留出加工磨销掉的余量），新旧茬口做成粗糙面，去除油污、灰尘；

③ 镶补石块并挤压后，使用掺有胶黏剂的石粉浆与外口修整平齐，经过规定的硬化时间后，用各种雕刻工具，将石材断口快速修整使其形状与原状尽可能保持一致。

（3）石材（石板）断裂的修复（化学注浆锚固法）：

① 用柔软的碳硅刷（物理法）清洁工作面；

② 用防水、透明、耐候填缝剂对断裂处进行两道填充处理,使原有裂隙不再有新的变化。

（4）严重缺损、破损部位修复：

采用更换法采购旧料，按原型尺寸加工成型材进行替换或采用预制的同质、同色石材（石板）石料进行镶嵌拼接。镶嵌环补的石材要密合，不渗水。缝隙与原有缝隙保持一致。

（5）松动修复：

对于松动部分，采取人工小心拆卸的办法应先拆下该部分石材（石板），清理基层，用原始石材重新铺装，铺装灰浆应按原材料配置；有条件的要用铁片在石材（石板）后口缝隙处（主要为立缝）背实加固，这样可以使石材更加稳固，不会因年久造成位移偏位。若松动部分石材（石板）无法再度使用，则考虑寻找同种材质的石材（石板）重新替换铺装。

当铺装灰浆无法配置到原材料时，黏结方式可按内衬空间来确定。当大于100mm时，可采用坍落度在35~50mm的细石混凝土灌浆；当小于100mm时，可采用稠度为80~120mm的1：3水泥砂浆分层灌注施工。

7.3.3.3 勾缝损坏

（1）清缝

使用清缝工具人工凿除，清除缝隙中老化的填缝料，深度须达到2cm以上。

（2）勾缝

第一道填充防水。用防水、耐候的同质填缝料填缝一遍，要求塞紧压实，深度为15mm。

第二道防水和装饰勾缝。用同质填缝料填缝第二遍，要求与原有勾缝面基本平整。同质填缝料应与原有花岗石墙面的填缝料材质保持一致。

（3）防污保护

粘贴防污美纹纸，对勾缝处周边花岗石进行保护，待勾缝完成后，剥去美纹纸。

（4）勾缝材料

勾缝所使用的勾缝灰浆应尽量与原来的材料一致（如：石灰膏添加精细骨料和助剂配制成的勾缝材料）。如无法同原来的勾缝材料一致，必须确保缝隙内填充聚乙烯泡沫条，并用密封胶封闭缝隙，再用整修工具修整勾缝面。

（5）勾缝剂颜色

与原勾缝颜色一致匹配，并与原勾缝材料有很好的互容性，表面肌理感相同（图7-20）。

石材破损	修补配料

采用连接件固定连接	刮补石材浆料

石材修补	修复好的石材

图 7-20 石材修复

7.3.4 修缮效果及质量评定

（1）修缮石材的材质、纹理、颜色配比等应符合设计要求，且与样板面色感一致；

（2）勾缝应牢固、饱满、不毛糙；

（3）修缮后的石材墙面整体清洁，色泽与修复保留的原石材墙面相协调，新旧石材墙面整体平整（图 7-21）。

图 7-21 石材修缮前后对比

7.4 特色工艺

7.4.1 特色构件

石材（石板）特色构件是一种极具视觉冲击力的装修设计形式，其通过各种各样的表面加工方式，创造出千变万化的视觉感受，给人与众不同的艺术视觉效果。这样丰富的变化也是石材构件的魅力之一，主要包括山花、门楣、门窗、造型柱、宝瓶栏杆套等（图 7-22~图 7-24）。

图 7-22 爱奥尼式双柱支撑的弧形断山花、门楣

图 7-23 艺术门楣造型

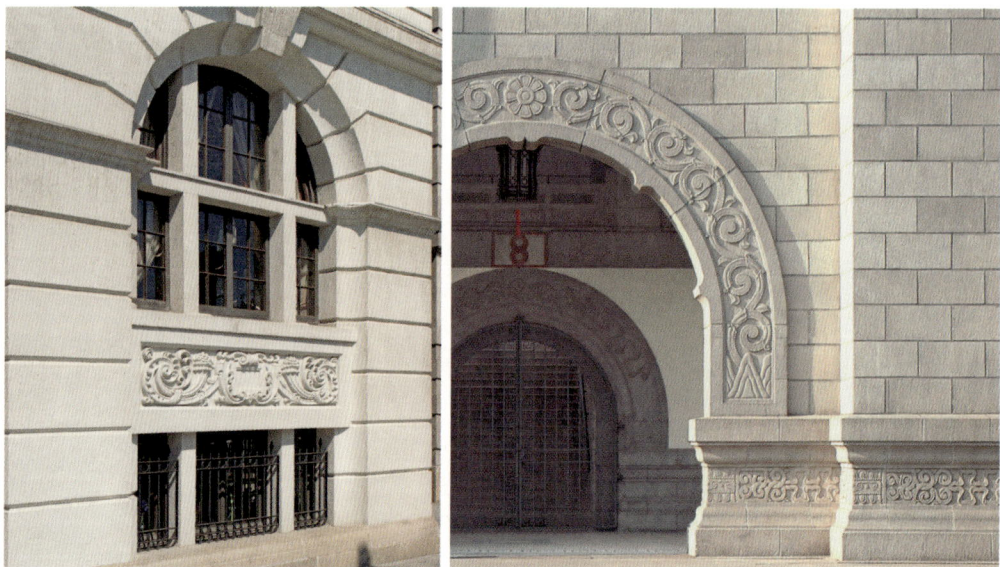

图 7-24 石材门窗套

　　除上述特色构件外，上海地区存在大量石库门建筑，并作为一种文化积淀，代表着上海独具特色的海派文化。石库门门头是石库门住宅最有特色的部位，是中西合璧建筑文化的集中反映，也是近代上海数量最大、普及面最广的居住建筑的显著符号。石库门门头由木门、门框、门套、门楣，以及门环等组成。早期石库门门框用苏南及宁波一带运来的石料，后期石库门门框改用水泥或水刷石。门楣是石库门门头装饰的重点，由于受到西方建筑影响，多采用半圆形或三角形山花图案装饰，后期逐渐改为长方形门楣，不少石库门门头采用石材质地，在具体的修缮工艺上与其他特色构件区别不大。

7.4.2 特色构件修缮

根据设计图样制造模型，根据模型制作模具，模具整体应拆装方便、坚固耐用、不变形；浇筑成型， 质地密实；拆模修补；养护、晾干、安装。

花饰局部损坏的修缮应符合下列规定：

（1）将损坏部分按预制块的大小拆除，并清理基层；

（2）根据拆除花饰的大小和纹样到市场上采购或定做。

石材门楣及宝瓶栏杆的主要修缮过程如图7-25、图7-26所示：

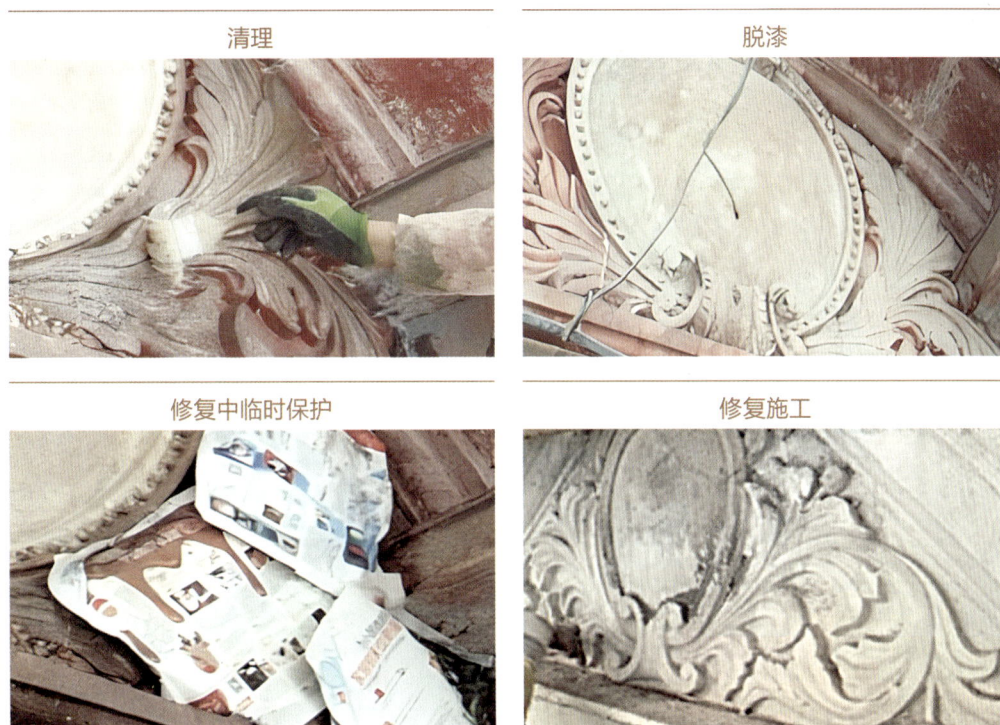

清理

脱漆

修复中临时保护

修复施工

图7-25 石材门楣修复

拆卸原破损宝瓶

增强处理

图7-26 宝瓶栏杆修复

宝瓶修复

宝瓶安装

图 7-26 宝瓶栏杆修复（续）

7.5 典型案例分析

7.5.1 项目概况

黄浦路 106 号，原址是前日本领事馆，建筑外立面主要以红砖清水墙为主要饰面材质，俗称红楼，为上海市第二批优秀历史建筑（二类）。该建筑除红砖清水墙外，石质构件也是外立面主要构图材质，两者恰如其分地组合在一起，具有相当高的艺术价值及科学价值。红楼建筑风格为带有法国新巴洛克特点的帝国式洋风建筑。建筑立面为纵横三段式，南立面中部 7 跨为连续的拱券外廊，两侧为实体窗墙。立面门窗为砖拱券与平券相结合，重要门窗装饰有券心石和隅石，南立面中心设置石质爱奥尼壁柱，其他柱头也多配以精美装饰。建筑外观庄重华丽（图 7-27）。

图 7-27 红楼建筑外立面为红砖清水墙与石材的组合

其中红楼立面门窗套、主入口门头、女儿墙压顶花饰、地坪阶沿石以及部分装饰构件，通过岩相分析为晶屑凝灰岩，属于沉积岩类，民间又称青石，在查阅历史图纸标注——Ningpo Greenstone（即为宁波青石）后，最终确定本项目石质构件修复的主要成分为宁波青石。

7.5.2 修缮技术

7.5.2.1 现状分析

红楼外立面石材被大面积白色涂料覆盖；局部存在直接用水泥修补的不当历史修缮痕迹；立面壁柱、山花、腰线、雕饰等石材构件风化十分严重，成片状剥落；部分石质构件表面雕饰风化严重，造型模糊（图7-28~图7-30）。

图7-28 石质构件表面被涂刷白色涂料

图7-29 历次修缮中直接使用水泥砂浆作为修复料

图7-30 石质雕饰风化严重，造型模糊

7.5.2.2 石质外墙的修缮

（1）清洗（图7-31）

首先进行清洗小样的试验，选择了物理化学相结合的方法进行石材构件的清洗。通过清洁，不仅去除石材构件表面污染物，还保留了古锈，使石材构件的艺术价值、历史价值得到了很好的体现。

图7-31 物理化学相结合的清洁方法

（2）石质构件的修缮（图7-32～图7-37）

在裂隙≥3mm且没有爆裂和缺损的较大裂口内用细针式注射器注入无色透明的防水乳胶与青石粉拌和料，进行裂隙封闭。

裂隙封闭

图7-32 裂缝封闭处理

石质构件断裂

手工剔除松动的石材

放线定位、精准手术

植入不锈钢销、恢复石材受力

分层修复、表面仿石处理

图 7-33 石材断裂修复

分层修复、分层雕刻塑形

图 7-34 缺损较小的石质构件修复

缺损较大的石质构件

对修复面使用不锈钢销进行加固处理

图 7-35 缺损较大的石质构件修复

修复后的效果

图 7-35 缺损较大的石质构件修复（续）

增强剂通过喷、淋方式进行施工

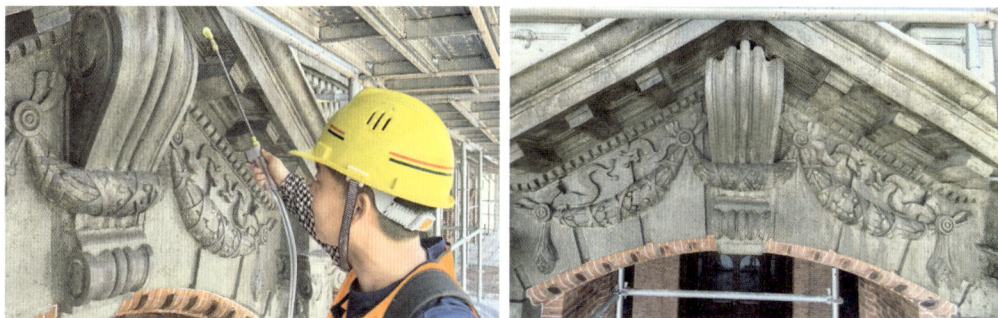

图 7-36 表面增强

7.5.3 修缮前后对比（图 7-37~图 7-41）

局部修缮前	局部修缮后

图 7-37 局部对比一

局部修缮前   局部修缮后

图 7-38 局部对比二

主入口修缮前

主入口修缮后

图 7-39 主入口对比

图 7-40 红楼南立面修缮前

图 7-41 红楼南立面修缮后

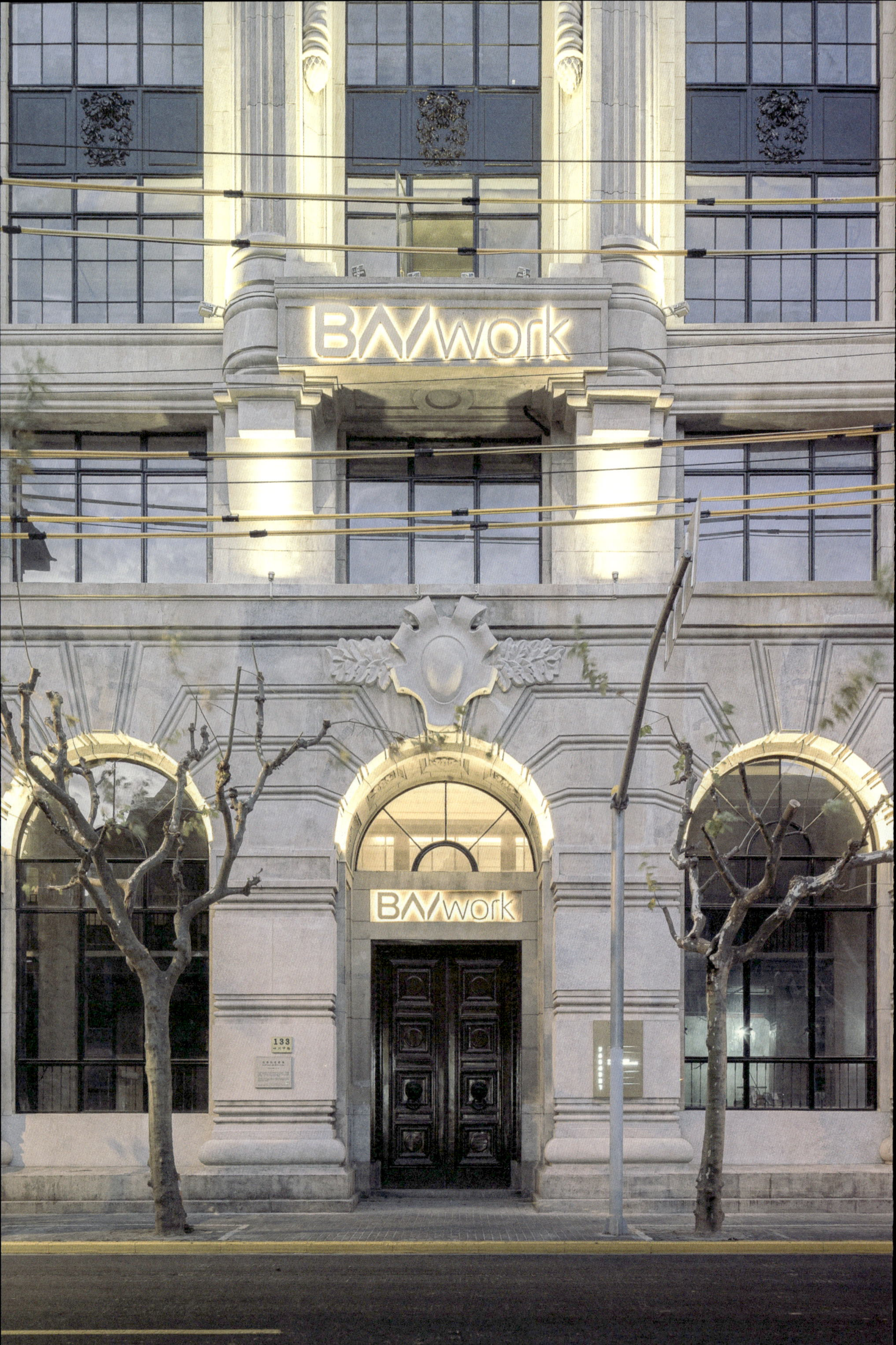
BAYwork
BAYwork
133

结语

上海，这座融汇历史与现实、传统与现代的都市，以其独一无二的城市建筑展现了活力与多元文化的完美融合。历史建筑，作为这座城市的名片，宛如一部部石砌的史册，静静地叙述着上海的过往与当下。本书深入挖掘和探讨了上海近现代历史建筑的发展脉络、风格演变、修缮技艺、工具应用，以及材料选择等多个方面，全方位呈现了历史与技艺的完美融合。

在数字化、智能化技术迅猛发展的当下，本书还探索了将这些先进技术与历史建筑保护修缮相结合的可能性，旨在为这一领域的发展注入新的活力。通过科学、翔实的梳理与总结，本书旨在为上海历史建筑外墙修缮领域提供丰富的理论依据和实践指导，为历史建筑的保护与传承贡献一份力量。

希望本书的研究成果能够启发更多的从业者和研究者，共同探索历史建筑保护修缮的新路径，让这些见证了城市发展历程的历史建筑，在新技术的助力下，焕发出新的生机与活力，继续传承上海丰富的历史文化遗产。

上海历史建筑的保护研究工作，是一门跨学科、跨领域的综合性工作，它要求我们在保护和修复过程中，不仅要处理好各种复杂因素的相互关系，还要不断创新和探索新的修缮技术和方法。为了提升修缮工作的质量，我们需要更多地运用现代化科技手段，以更合理、更科学的方式进行保护和修复。

展望未来，我们将继续致力于系统地整理、研究、探索历史建筑的营造工艺。我们的工作不仅局限于外墙饰面，更将视野拓宽到建筑的每一个部位，力求在全面了解和掌握传统工艺的基础上，完善和丰富这一体系的内涵。我们相信，通过这些努力，能够更好地保护和传承上海历史建筑的独特文化价值，让这些历史建筑在新时代的背景下，持续迸发蓬勃生命力。

期待更多研究人员和从业者加入历史建筑保护与修缮的事业，共同探讨与创新，为我国历史建筑保护事业贡献更多力量。让我们携手努力，借助数智化技术的支持，使历史建筑重焕生机与活力，续写我国悠久的历史文化。

附 录

1 相关保护条例与政策法规

1.1 《历史文化名城名镇名村保护条例》（节选）

（2008 年 4 月 22 日中华人民共和国国务院令第 524 号公布根据 2017 年 10 月 7 日《国务院关于修改部分行政法规的决定》修订）

第四十七条本条例下列用语的含义：

（一）历史建筑，是指经城市、县人民政府确定公布的具有一定保护价值，能够反映历史风貌和地方特色，未公布为文物保护单位，也未登记为不可移动文物的建筑物、构筑物。

（二）历史文化街区，是指经省、自治区、直辖市人民政府核定公布的保存文物特别丰富、历史建筑集中成片、能够较完整和真实地体现传统格局和历史风貌，并具有一定规模的区域。

历史文化街区保护的具体实施办法，由国务院建设主管部门会同国务院文物主管部门制定。

第四十八条本条例自 2008 年 7 月 1 日起施行。

1.2 《上海市历史风貌区和优秀历史建筑保护条例》（节选）

第十条建成三十年以上，并有下列情形之一的建筑，可以确定为优秀历史建筑：

（一）建筑样式、施工工艺和工程技术具有建筑艺术特色和科学研究价值；

（二）反映上海地域建筑历史文化特点；

（三）著名建筑师的代表作品；

（四）与重要历史事件、革命运动或者著名人物有关的建筑；

（五）在我国产业发展史上具有代表性的作坊、商铺、厂房和仓库；

（六）其他具有历史文化意义的建筑。

第二十八条优秀历史建筑的保护要求，根据建筑的历史、科学和艺术价值以及完好程度，分为以下四类：

（一）建筑的立面、结构体系、平面布局和内部装饰不得改变；

（二）建筑的立面、结构体系、基本平面布局和有特色的内部装饰不得改变；

（三）建筑的主要立面、主要结构体系和有特色的内部装饰不得改变；

（四）建筑的主要立面、有特色的内部装饰不得改变。

1.3 《优秀历史建筑保护修缮技术规程》DG/TJ 08-108—2014（节选）

3.5 保护修缮原则

3.5.1 优秀历史建筑保护修缮中，其重点保护部位和区域的修缮宜按真实性原则、最小干预原则、可识别性原则及可逆性原则进行。

3.5.2 优秀历史建筑保护修缮应兼顾保护与利用，在保护优秀历史建筑价值的前提下，合理使用其建筑功能，发掘其社会价值，实现可持续利用。

3.7 保护修缮材料和工艺的选用

3.7.1 保护修缮材料和工艺的选用应符合优秀历史建筑的保护要求。

3.7.2 保护修缮材料选用前，应先通过材料专项检测或现场诊断，充分了解和评估原有材料的特征。

3.7.3 修补类材料的强度应不高于原始材料，新旧材料要有物理、化学兼容性。

3.7.4 修缮应保留原建筑具有特殊价值的传统材料和工艺。

3.7.5 修缮应充分合理利用原有材料和构件，采用移装、拼接的方法，集中使用，需添加材料的，宜选择与原有品质相同或相近的材料。

3.7.6 修缮中新增的装饰、分隔，采用新材料和新工艺时，必须经过试验或试样，并符合下列要求：

1 结构和功能性的修缮，所用新材料和新工艺应满足尺度合理、连接可靠、安全和耐久的要求，并与原结构有效地共同工作。

2 装饰性的修缮，所用新材料的形状、质感、色彩、纹理、装饰总体效果，宜与原建筑相协调。

4.3 房屋质量专项检测

4.3.1优秀历史建筑的专项检测，包括材性的检测、主要材料类型和工艺的调查、白蚁危害状况检测及节能预评估等。

4.3.2主要材料的材性检测是对石材、玻璃等特色、典型材料，在按原样修复、替换前，通过采样测试、化学成分分析等方法确定其组分、产地、材料性能等所做的检测；可采用取样对材料进行X衍射分析、化学成分分析、扫描电镜、色谱分析等方法检测其矿物组成结构。

4.3.3外墙历史材料类型检测及施工工艺的调查，可包括外墙石材的类型、粘贴工艺，清水墙的灰缝形式，外墙抹灰组成、施工工艺，石碴类饰面的组成、施工工艺等内容。

4.3.4优秀历史建筑材性的检测除了常规的材性检测，根据修缮需要还可要求进行外墙毛细吸水系数检测、外墙材料红外热像检测、材料的有害盐分析等。

1.4《房屋修缮工程技术规程》DG/TJ 08-207—2008（节选）

4.4.1抹灰（涂装）类外墙面修缮

1 B级修缮：

1）基层和面层老化剥落，应先适当扩创后再进行修缮；

2）修缮应按基层、面层、涂层的表里关系，由里及表地进行修缮；修缮应按表4.4.1的要求进行；

3）新旧抹灰之间、面层与基层之间必须黏结牢固；

4）有保温要求的抹灰（涂装）修缮应按现行国家相关规范要求进行。

表 4.4.1 抹灰（涂装）类外墙面修缮

修缮部位		抹灰（涂装）破损状况	修缮措施
基层	起壳面积	≤ 0.1 ㎡且无裂缝	可适当处理
		> 0.1 ㎡	斩粉处理
		> 0.2 ㎡或30% 抹灰面积	局部扩创铲除后项抹
		> 0.5 ㎡或50% 抹灰面积	全部铲除后项抹
	裂缝宽度	≤ 0.3mm 且无起壳	嵌缝处理
		> 0.3mm	拓缝后嵌缝处理
面层	起壳面积	≤ 0.1 ㎡	斩粉处理
		> 0.1 ㎡或10% 抹灰面积	局部扩创铲除后项抹
		> 0.3 ㎡或30% 抹灰面积	全部铲除后项抹

修缮部位	抹灰（涂装）破损状况		修缮措施
	裂缝宽度	≤ 0.3mm	嵌缝处理
		> 0.3mm	斩粉处理
涂装层	损坏面积	≤ 30% 涂装面积	铲除，批嵌后局部涂装
		> 30% 涂装面积	铲除，批嵌后全部涂装

注:

1. 表中裂缝是指抹灰（涂装）由于材料本身及各种自然和人为因素而产生；若由墙体裂缝而引起，则应先对墙体采取修缮措施。

2. 面层和涂装层有明显的粉刷分缝、凹槽的，起壳面积按这些分缝、凹槽限定的面积计算墙。

3. 表中修缮措施可根据实际损坏和安全情况作调整。

2 A 级修缮：

1）抹灰层应按原样进行修缮，墙面修缮前应先进行全铲除处理；

2）新旧墙面抹灰应无抹纹；涂装干燥后颜色应均匀一致；

3）外墙面水泥装饰线、饰品应按原样修复，必要时可参照历史资料进行放样；

4）拉毛、搭毛、洒毛等装饰抹灰应花纹色泽协调、接点平整、斑点均匀有规律且方向一致；

5）宜涂刷无色透明的保护性涂料。

4.4.2 清水墙面修缮

1 B 级修缮：

1）墙面风化面积大于等于 50% 时，墙面修缮应进行全补全嵌；

2）砖墙面起壳、灰缝松动、断裂和漏嵌、接头不和顺，应修补完整；

3）无勒脚抹灰的，可按实际情况新做；

4）宜涂刷无色透明的保护性涂料。

2 A 级修缮：

1）修缮后墙面的色泽以及灰缝的式样、用材均应保持原样；

2）修缮后的墙面应清洁、无粘灰，灰缝应整齐、横平竖直；

3）砖线条、花饰的式样和用材应保持原样；

4）应涂刷无色透明的保护性涂料。

4.4.3 饰面类外墙面修缮（外墙面砖、马赛克、各类石材；水刷石、干粘石、水磨石、斩假石等）

1 B 级修缮：

1）墙面材料出现起壳，且有坠落危险应及时抢修，如应急抢修不能满足修缮质量标准，则应在抢修后再组织修缮；

2）饰面层出现松动、起壳面积大于 $0.2m^2$ 或开裂比较严重的，应局部凿除后重铺；

3）基层起壳无裂缝，起壳面积大于 $0.1m^2$ 时，宜局部凿除重铺。

2　A级修缮：

1）水刷石、干粘石的石子应颗粒均匀、密实、无接缝痕迹；

2）水磨石应表面平整光滑，石粒密实，均匀，分格清晰；

3）斩假石剁纹应均匀顺直，深浅和留边宽度一致；

4）各类饰面砖的分隔条（缝）应深浅、宽窄一致，嵌缝严密平整；

5）各类饰面石材采用相同材料和规格，色泽一致；接缝平整规则且用密封胶封闭；

6）各种石碴类饰面宜涂刷无色透明的保护性涂料。

4.5.3 砌体构件的修缮应符合下列要求：

1　B级修缮：

1）砌体竖向承重构件变形小于5%时可进行局部拆砌，变形大于5%时还应在查明原因后采取必要的加固措施；

2）砌体构件裂缝宽度小于 $0.3mm$ 时可进行局部封闭处理；裂缝宽度大于 $0.3mm$ 时应采取灌浆法进行修补；必要时可采用补强加固措施；局部开裂损坏较严重的墙体应拆除重砌；

3）砌筑砖墙的头缝、水平缝的饱满度在60%以下，且存在明显安全隐患时，应根据面积大小采取局部拆砌或拆除重砌；

4）砌体构件截面损失超过5%时，应进行修补处理；超过20%，应局部拆砌或修补后再加固处理。

2　A级修缮：

1）砌体修缮的材料、形式和色泽应与原貌保持一致；

2）砌体修缮和加固方式应保持砌体本身的整洁、美观。

2 名词解释（普通话及沪语）

2.1 基本名称

2.1.1 修缮

为保持和恢复既有房屋的完好状态，以及提高其使用功能，进行维护、维修、改造的各种行为。

2.1.2 查勘

房屋修缮之前，对房屋损坏部位、项目及程度进行的检查、勘测，并确定修缮范围、方法和工程计量的工作。

2.1.3 清水墙

外墙面砌成后，只需要勾缝，即成为成品，不需要外墙面装饰的砌体墙面。

2.1.4（清水墙）平缝

清水墙中，与砖砌墙面齐平的灰缝。

2.1.5（清水墙）斜缝

清水墙中，灰缝的上口压进墙面 3 ~ 4mm，下口与墙面平齐，使其成为斜面向上的灰缝。

2.1.6（清水墙）凹缝

清水墙中，凹进砖砌墙面的灰缝。

2.1.7（清水墙）凸缝

清水墙中，凸出砖砌墙面的灰缝。

2.1.8（清水墙）凸圆缝，即元宝缝

清水墙中，凸出砖砌墙面，截面呈圆弧形的灰缝。

2.1.9 清水墙等级

指对清水墙按其装饰繁复及砖工精细程度进行分类而形成的级别。

2.1.10 组砌形式

指通过砖块的合理搭接保证砌体强度，同时利用砖块的基本尺寸通过不同的组合方式来表现建筑美感的最直接而具体的做法。上海地区常见的组砌方式有一顺一丁（分十字缝和骑马缝两种，又称英式砌法）、梅花丁、三顺一丁、五顺一丁等形式。

2.1.11 砖拱

在门窗等洞口上方，（砖砌的、利用砌体组成的拱券来）承受上部竖向荷载的砖砌拱，立面形式包括平拱和圆弧拱。

2.1.12（砖）发券

砌体结构中的拱。

2.1.13 砖旋

即"砖券"，建筑门窗洞口上部或周边用砖砌筑出来的造型。

2.1.14 台口线

在建筑外立面上的腰线之间，或在窗口上、下檐及阳台板远端粉出或砌出的水平装饰线条。

2.1.15 腰线

建筑外墙面上，在楼层位置或墙体变截面部位砌出的一道通长的水平装饰线。

2.1.16 山花

外山墙外侧顶部的花饰。

2.1.17 彩牌（头子）

硬山式建筑山墙及风火墙两端檐柱、墙柱以外、用以承载出檐墙与屋面的荷载，北方称为"墀头"。

2.1.18 烟囱冒头

砖砌烟肉顶部局部凸出的兼具防水和装饰作用的构造。

2.1.19 干粘石

在墙面刮糙的基层上抹上水泥浆，撒石子并用工具将石子压入水泥浆里而做出的饰面层，多用卵石作为石子。

2.1.20 水刷石

即"汰石子"，用水泥、石屑、小石子或颜料等加水拌和，抹在建筑物的表面，半凝固后，用硬毛刷燕水刷去表面的水泥浆而使石屑或小石子半露的人造石料的饰面层。

2.1.21 斩假石

即"剁斧石"，将掺入石屑及石粉的水泥砂浆涂抹在建筑物表面，在硬化后，用斩凿方法使其成为有纹路石面样式的饰面层。

2.1.22 返碱

指清水墙砖块中含有的可溶性盐（硫酸钙、硫酸镁、硫酸钠和硫酸钾等）遇水后溶解，通过砖块的微孔结构带到砖块的表面，随着水分的不断蒸发，可溶性盐在砖表面沉淀下来形成霜化状的盐结晶。这种现象称之为返碱，也有称之为泛霜、泛盐的。

2.1.23 排盐、脱盐

指利用水溶盐在水中溶解迁移并在蒸发面结晶沉淀的原理，降低清水墙砖中有害水溶盐含量，从而达到保存历史材料目的的一种方法。

2.2 材料

2.2.1 统一砖

即"九五砖""标准砖"，黏土烧结而成，尺寸规格为 240mm×115mm×53mm 的建筑用砖。

2.2.2 八五砖

黏土烧结而成，尺寸规格多为 216mm×105mm×43mm、220mm×105mm×43mm、200mm×105mm×43mm 的建筑用砖。

2.2.3 面砖

贴在建筑物表面的饰面砖。

2.2.4 瓷砖

以耐火的金属氧化物及半金属氧化物，经由研磨、混合、压制、施釉、烧结等过程，而形成的耐酸碱的瓷质或石质的建筑或装饰材料。

2.2.5 泰山砖

采用陶土烧制而成、尺寸如砖的外墙装饰面砖。因由上海泰山砖瓦股份有限公司研制出来，故称为"泰山砖"。

2.2.6 柴泥石灰

由石灰膏、泥及起拉结作用的柴草拌和而成的粉刷材料。

2.2.7 纸筋石灰

由石灰与稻草拌合，经熟化后而成的，用于内墙或平顶粉刷的刮糙或罩面的饰面材料。

2.2.8 春光灰

将纸筋石灰用铁板重复直插，使纸筋灰的纸筋沉底，上部形成的，主要用于纸筋石灰墙面饰面的细腻浆料。

2.3 工艺

2.3.1 拆砌

对于损坏严重的整面或部分既有砖石墙体，由上向下逐层拆除清理后，重新进行砌筑的做法。

2.3.2 新砌

在原来没有砖墙的地方进行砌筑。

2.3.3 挖砌

将损坏墙体局部挖空后，重新砌筑挖空部分墙体的做法。

2.3.4 镶砌

将砌体孔洞用砌块砌筑封堵的做法。

2.3.5 一顺一丁（砌法）

一层砌顺砖、一层砌丁砖，相间排列、重复组合的砌体砌筑方法。

2.3.6 砂包式（砌法）

即"十字式"或"梅花式（梅花丁）"砌法，在同一皮砖层内一块顺砖一块丁砖间隔砌筑（转角处不受此限），上下两皮砖间竖缝错开 1/4 砖长，丁砖在四块顺砖中间形成梅花形的砌体砌筑方法。

2.3.7 梅花丁（砌法）

即"砂包式（砌法）"。

2.3.8 斩粉

将墙面损坏的粉刷层斩除后重新粉刷的做法。

2.3.9 拆砌粉

在拆砌的墙体等表面新做粉刷。

2.3.10 新砌粉

在新砌、新做的各类墙体表面新做粉刷。

2.3.11 砌粉

斩粉、拆砌粉、新砌粉的统称。

2.3.12 刨砌

先在块材上刨好花饰，再进行砌筑的清水墙花饰做法。

2.3.13 砌刨

先进行砌筑，再在砌筑好的墙体上刨花饰的清水墙花饰做法。

2.3.14（石材面）出新

通过打磨、擦洗、白蜡上光等方法，使石材表面呈现光泽、纹理等新面的石材面修缮方法。

2.3.15（清水墙）全补全嵌

对风化、疏松、剥落的清水墙砖面和灰缝，进行全面修补砖面、填嵌灰缝残缺的修理方法。

2.3.16（清水墙）局部补嵌

仅对局部损坏的清水墙墙面和砖缝进行填嵌修补的修理方法。

2.3.17（清水墙）嵌缝

采用与原墙面灰缝相同或相近的材料，对清水墙面残损的灰缝进行修补、复原的做法。

2.3.18（清水墙）砖面修补

采用砖片或者砖粉对残损的清水墙砖面进行替换、修补、复原的做法。

2.3.19 粉底层

即"刮糙"，墙面抹灰施工时，对基层进行的第一道抹灰工序。

2.3.20 粉面层

刮糙后，对墙面进行粉刷饰面的工序。

2.3.21 拉毛

用水泥浆，采用棕刷等工具在墙面拉拔，形成毛面装饰效果的墙面做法。

2.3.22 拉毛面

在墙面做了水泥砂浆之后进行拉毛处理，不刮腻子，直接喷涂料的墙面处理的做法。

2.3.23 粉光面

对墙面水泥砂浆进行抹灰、刮腻子、刷乳胶漆处理，形成表面光滑效果的墙面粉刷方式。

2.3.24 开缝

指使用专门工具，对风化、松动、断裂的砖缝进行剔凿清除的作业工序。

2.3.25 开刀

用于开缝的主要工具。除了专门制作的之外，也可以用泥刀、刨铁、扁头钢凿等替代。

2.3.26 憎水

指利用憎水材料浸渍材料表面，使砖块中的毛细吸水作用不发育的一种做法。憎水处理后的砖块因毛细作用不发育，会大幅度减低渗透性。从而阻止无压力水进入材料中。

3 常见修缮材料与工具

3.1 修缮材料

3.1.1 外墙饰面清洗材料

清洁剂：对涂鸦（涂鸦清洁剂）、顽垢（清洗剂）、油漆（去油漆剂）、铁锈（除锈剂）等清洗；

脱漆剂：用于建筑表面、金属、木结构及新建筑表面的涂料清除；

植物腐烂剂：除去墙体上的植物；

活性除污酶：去除微生物污染；

杀菌剂：表面细菌、真菌及藻类的灭杀和抑制；

抗藻剂：抑制墙体上植物的生长；

返碱清洗剂：建筑非水溶性泛碱清洁。

3.1.2 基层修缮材料

硅酸盐类水泥：粉状水硬性无机胶凝材料；

黄砂：配合水泥制成水泥砂浆；

石子：用作骨料；

石灰膏：常作为抹灰砂浆主要材料用于墙面抹灰；

纸筋：掺在石灰里起增强材料连接，防裂、提高强度，减少石灰硬化后的收缩；

黏土：含砂粒很少、有黏性的土壤，可制作烧结砖；

江米汁：配合组成砌筑砂浆，增强粘接强度。

3.1.3 面层修缮材料

黏土砖：以黏土（包括页岩、煤矸石等粉料）为主要原料，建筑用的人造小型块材；

黏土砖片：黏土砖切割而成，用于清水砖外墙饰面的修缮；

砖粉：用于黏土砖或砖雕等材料的修复；

面砖：贴在建筑物表面的饰面砖，包括光面砖、毛面砖等；

勾缝剂：砖／石建筑外立面的勾缝、填充及黏结；

花岗石：用于建筑外墙饰面；

大理石：用于建筑外墙饰面；

石粉：石材的修补、勾缝等；

卵石：大于 4.75mm 的卵石，用作外墙卵石饰面；

石英砂：用作骨料；

石英石：用作骨料；

石屑：用于石碴类外墙饰面修缮。

3.1.4 其他通用型修缮材料

桐油：水泥中加入桐油具有较高防潮功能；

矿物质颜料（氧化铁红、甲苯胺红、氧化铁黄、铬黄、铬绿、氧化铁黄与酞菁绿、群青、铬蓝与酞菁蓝、氧化铁棕、氧化铁紫、氧化铁黑、碳黑、锰黑、松烟）：从矿石中提炼出来颜色，用矿物质颜料进行调色；

增强剂：用于多孔无机建筑材料的增强，如砖、石材等；

环氧树脂浆液：注浆用以填补空鼓；

石材修复剂：石材修补和黏结。

3.2 修缮工具

常见传统修缮工具中包含一般常用工具、嵌缝类工具、雕塑类工具和斩琢类工具。分列如下：

3.2.1 一般常用工具

扫帚

刷子

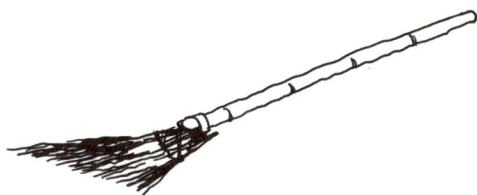

扫帚，清扫；刷子，用于抹灰或石碴装饰外墙表面。

排笔

大毛刷

小脚刷

排笔、大毛刷、小脚刷，用于抹灰或石碴装饰外墙表面。

尖凿、扁钢凿

尖凿、扁钢凿，用于剔槽子、雕凿。

螺纹凿	凿子	钢锥

螺纹凿、凿子、钢锥，用于敲凿、钻孔。

木敲锤	手锤

木敲锤、手锤，用于敲打。

3.2.2 泥工类工具

木抹子（木蟹）

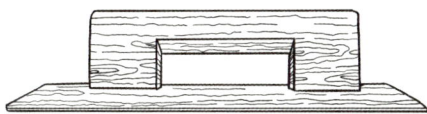

括凹档用的圆木抹子（木蟹）

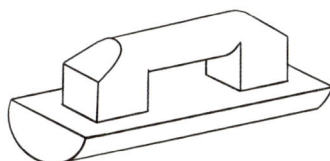

木抹子（木蟹），适用于抹灰或石碴装饰外墙表面。

泥板

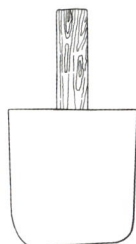

铁板

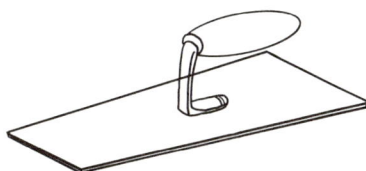

泥板、铁板，适用于抹灰或石碴装饰外墙表面。

镘刀

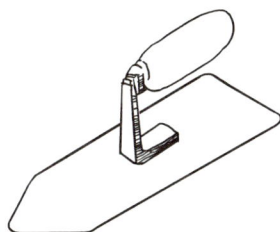

钢制小镘刀（压子）

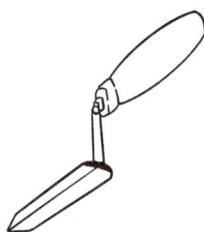

镘刀、钢制小镘刀，砌墙时用以斩断砖头、修削砖瓦、填敷泥灰等。

操板

泥刀

操板，拖灰浆；泥刀，砌墙时用以斩断砖头、修削砖瓦、填敷泥灰等。

掏灰浆用的圆齿耙、铁板耙和操灰浆用的板锹

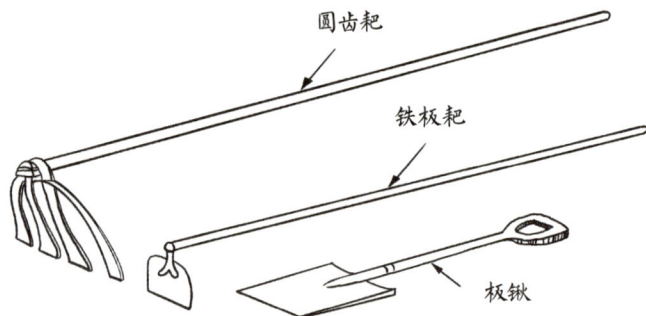

圆齿耙

铁板耙

板锹

粉墙面用括尺、大型抹灰器和粉平顶用的粉平顶器

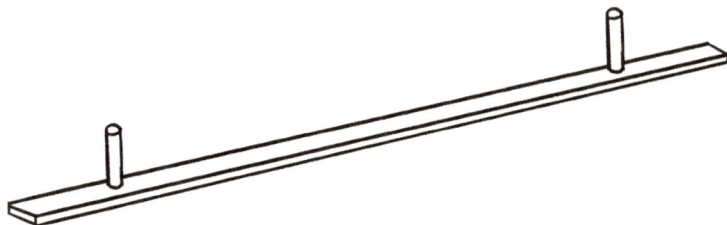

阴角抽：用于阴角抹面和打磨

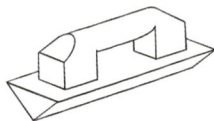

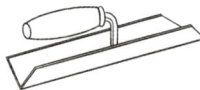

阳角抽：用于阳角抹面和打磨

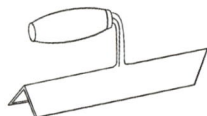

弧型凹线压光器、弧型凸线压光器、小方角压光器

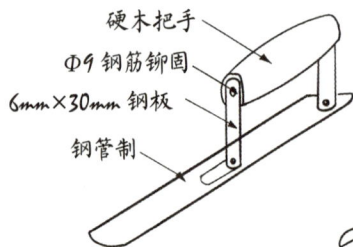

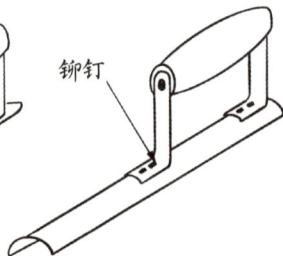

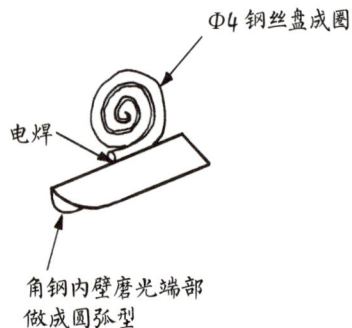

硬木把手

Φ9 钢筋铆固

6mm×30mm 钢板

钢管制

铆钉

Φ4 钢丝盘成圈

电焊

角钢内壁磨光端部
做成圆弧型

3.2.3 测量类工具

水平尺	直角尺	三角尺
		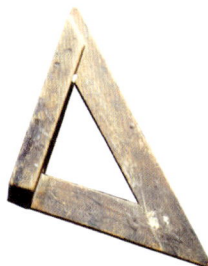

水平尺，测量水平位置的尺子；直角尺、三角尺，用于检验直角和划线。

木直尺	长短三角尺

木直尺，测量水平位置的尺子；长短三角尺，用于检验直角和划线。

折尺	绘图尺	多用划线尺

线锤	墨斗

线锤，检测墙面垂直度；墨斗，用来画长直线。

3.2.4 刨锯类工具

框锯	洋线刨	槽刨	边刨

框锯，木材切割；洋线刨、槽刨、边刨，做线脚之用。

长刨	中刨	长细刨	短刨

文武线刨	双凹文物线刨	园作内刨

3.2.5 缝类工具

长圆托、短圆托、铁皮

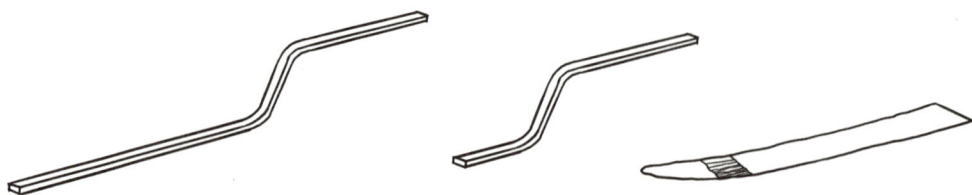

长圆托、短圆托、铁皮、镶缝刀

长圆托、短圆托、铁皮、镶缝刀用于勾缝。

3.2.6 雕塑类工具

钢质雕塑刀、钢皮制雕塑刀（斩假石）

锯型刮刀　弧型塑抹刀　尖头塑抹刀　切割刀　钢丝制平面刮刀

尖角铲刀　切割刀　钢丝制刮小圆孔圈　钢丝制刮圆槽刮刀

面部铲平磨光

厚1~1.2mm钢板制

底部铲平磨光

厚0.75~1mm钢板制

平面

侧视

椭圆边缘磨成薄口

3.2.7 斩假石斩琢工具

斩琢工具

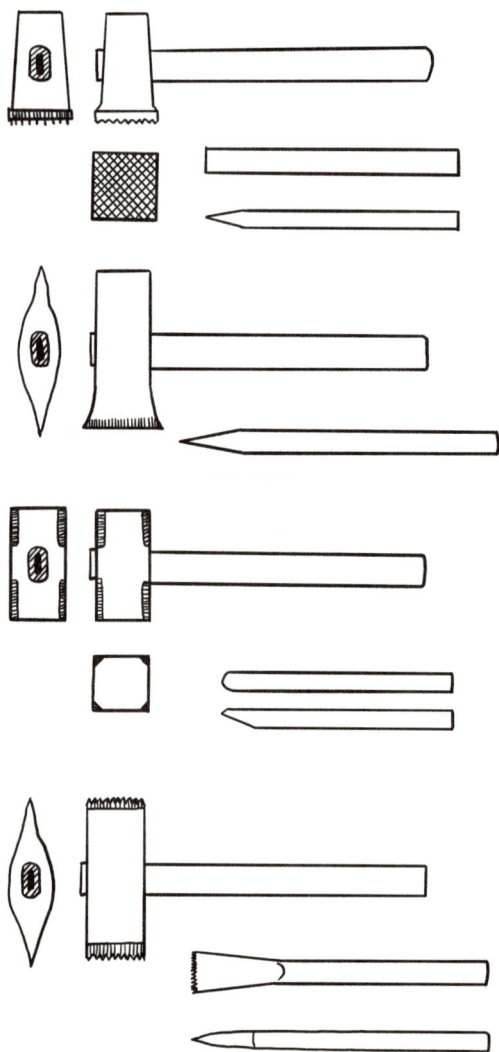

参考文献

专著

[1] 郑时龄. 上海近代建筑风格（新版）[M]. 上海：同济大学出版社，2020.

[2] 陈从周，章明. 上海近代建筑史稿 [M]. 上海：上海三联书店出版社，1988.

[3] 伍江. 上海百年建筑史（1840-1949）[M]. 上海：同济大学出版社，1997.

[4] 汪胡桢. 中国工程师手册（B）土木 [M]. 北京：商务印书馆，1949.

[5] Johnson,L.C..Shanghai From Market Town to Treaty Port，1074-1858[M].Stanford，Calif.: Stanford University Press，1995.

[6] 上海市房地产科学研究院. 上海历史建筑保护修缮技术 [M]. 北京：中国建筑工业出版社，2011.

[7] 上海市科学技术普及协会. 粉刷工操作图说 [M]. 北京：科技卫生出版社，1958.

[8] 曹志振. 斩假石 [M]. 北京：中国建筑工业出版社，1973.

[9] 吴钟伟. 房屋建筑学 [M]. 北京：龙门联合书局，1950.

期刊论文 & 学位论文

[1] 藤森照信，张复合. 外廊样式——中国近代建筑的原点 [J]. 建筑学报，1993（5）：6.

[2] 郑时龄. 上海的建筑文化遗产保护及其反思 [J]. 建筑遗产，2016:10-23.

[3] 阮仪三. 珍视上海的城市遗产 [N]. 文汇报，2004-10-5.

[4] 伍江. 旧上海华人建筑师 [J]. 时代建筑，1996(1):39-42.

[5] T.W.KINGSMILL. Early Architecture in Shanghai[N].The North China Herald.1893-11-24.

[6] 龚春荣. 上海历史建筑保护与管理对策研究 [D]. 上海：上海交通大学，2009.

[7] 陈侠. 传承与发展 [D]. 上海同济大学，2007.

[8] 伍江，王林. 上海城市历史文化遗产保护制度概述 [J]. 时代建筑，2006(2):24-27.

[9] 董珂. 上海近代历史建筑饰面的演变及价值解析 [D]. 上海：同济大学，2013.

[10] 赖世贤. 中国近代工业建筑营建过程关键性技术问题研究（1840-1949）[D]. 天津：天津大学，2020.

[11] 张海翱. 近代上海清水砖墙建筑特征研究初探 [D]. 上海：同济大学，2008.

[12] 崔航，施毕新，褚云朋等. 古建筑木结构修缮加固技术研究 [J]. 山西建筑，2022，48(6)：21−25.

[13] 侯实. 近代建筑外立面保护技术检讨 [D]. 上海：上海交通大学，2010.

[14] 李明. 长春市近代建筑外墙饰面砖研究 [D]. 长春：吉林建筑大学，2017.

[15] 于昊川. 上海近代建筑外墙石材饰面做法研究 [C]// 中国建筑学会建筑史分会，华侨建筑学院. 中国建筑学会建筑史学会暨学术研讨会 2022 论文集：发展中的建筑史研究与遗产保护.

标准规范

（1）国家标准

［1］ 中华人民共和国住房和城乡建设部. 既有建筑鉴定与加固通用规范：GB 55021—2021[S]. 北京：中国建筑工业出版社.2021.

［2］ 中华人民共和国住房和城乡建设部. 既有建筑维护与改造通用规范：GB 55022—2021[S]. 北京：中国建筑工业出版社.2021.

［3］ 国家文物局. 近现代历史建筑结构安全性评估导则：WW/T 0048—2014[S]. 北京：文物出版社.2014.

［4］ 中华人民共和国住房和城乡建设部. 建筑工程施工质量验收统一标准：GB 50300—2013[S]. 北京：中国建筑工业出版社.2013.

［5］ 中华人民共和国住房和城乡建设部. 建筑装饰装修工程质量验收标准：GB 50210—2018[S]. 北京：中国建筑工业出版社.2018.

（2）行业标准

［1］ 中华人民共和国住房和城乡建设部. 民用建筑修缮工程施工标准：JGJ/T 112—2019[S]. 北京：中国建筑工业出版社.2019.

［2］ 中华人民共和国住房和城乡建设部. 民用建筑修缮工程查勘与设计标准：JGJ/T 117—2019[S]. 北京：中国建筑工业出版社.2019.

［3］ 中华人民共和国住房和城乡建设部. 房屋渗漏修缮技术规程：JGJ/T 53—2011[S]. 北京：中国建筑工业出版社.2011.

［4］ 中华人民共和国住房和城乡建设部. 建筑外墙清洗维护技术：JGJ 168—2009[S].

北京：中国建筑工业出版社．2009.

［5］ 中华人民共和国住房和城乡建设部．历史建筑数字化技术标准：JGJ/T 489—2021[S]．北京：中国建筑工业出版社．2021.

［6］ 中华人民共和国住房和城乡建设部．建筑外墙保温系统修缮标准：JGJ 376—2015[S]．北京：中国建筑工业出版社．2015.

（3）地方标准

［1］ 上海市住房和城乡建设管理委员会．优秀历史建筑保护修缮技术规程：DG/TJ 08-108—2014[S]．上海：上海科学技术出版社．2014.

［2］ 上海市住房和城乡建设管理委员会．优秀历史建筑外墙修缮技术标准：DG/TJ 08-2413—2023[S]．上海：上海科学技术出版社．2023.

［3］ 上海市住房和城乡建设管理委员会．优秀历史建筑抗震鉴定与加固标准：DG/TJ 08-2403—2022[S]．上海：上海科学技术出版社．2022.

［4］ 上海市住房和城乡建设管理委员会．居住类优秀历史建筑保护修缮查勘设计和效果评价技术规程：DG/TJ 08-2249—2018[S]．上海：上海科学技术出版社．2018.

［5］ 上海市住房和城乡建设管理委员会．历史建筑安全监测技术标准：DG/TJ 08-2387—2021[S]．上海：上海科学技术出版社．2021.

［6］ 上海市住房和城乡建设管理委员会．现有建筑抗震鉴定与加固规程：DGJ 08-81—2021[S]．上海：上海科学技术出版社．2021.

［7］ 上海市住房和城乡建设管理委员会．房屋修缮工程技术规程：DG/TJ 08-207—2008[S]．上海：上海科学技术出版社．2008.

［8］ 上海市住房和城乡建设管理委员会．住宅修缮工程施工质量验收规程：DG/TJ 08-2261—2018[S]．上海：上海科学技术出版社．2018.

［9］ 上海市住房和城乡建设管理委员会．住宅修缮工程质量检测及评定标准：DG/TJ 08-2431—2023[S]．上海：上海科学技术出版社．2023.

［10］ 山东省住房和城乡建设厅．房屋白蚁防治技术规程：DB37/T 5205—2021[S]．济南：山东科学技术出版社．2021.